KB147416

초등 공부력
상담소

아이의 마음을 열고 공부의 길을 찾아가는

초등 공부력 상담소

정주안 지음

래디시

"진도보다 공부력이 앞서야 한다"

초중고 사교육 참여율 80퍼센트인 대한민국에서 선행은 선택이 아닌 필수가 되고 있다. 선행을 시작하는 시기도 점점 빨라져서 초등학교 1학년만 되어도 '본격적'으로 공부를 한다. 하지만 막상 부모가 되어서 아이를 교육해보면 바로 깨닫게 되는 하나의 진실이 있다. 아이는 부모의 기대만큼 공부를 따라오지 않는다. SNS에는 영어로 프리토킹을 하고, 수학도 잘하고, 과학 영재원까지 수료하는 아이들이 가득해 보이지만, 우리집에는 학교 숙제를 하면서도 짜증을 내는 아이가 있다. 부모는 불안해지고, 아이가 미워 보이기까지 한다. 이게 우리의 현실이다. 답답한 마음에 학원을 보내면 눈에 보이지 않으니 마음은 편하지만, 집에서도 공부를 안 하던 아이는 학원에서 공부를 하고 있을까?

입시는 상대평가이다. 남들보다 내가 더 잘해야 원하는 결과를 얻을 수 있다. 설령 학원 과정을 충실하게 이수한다고 해도 추가적인 경쟁력이 필요하다. 그것을 이 책에서는 '공부력'이라고 표현한다. 숙제를 하는 것, 학원을 다니는 것은 누구나 할 수 있는 선택이다. 그것이 곧 과목별 경쟁력으로 이어지지 않는다. 대다수의 가정이 공부 때문에 골치 아픈 상황을 생각하면 진짜 '공부력'에 대한 고민이 필요하다.

교육에 욕심이 있는 부모라면 공부를 하고 있다는 착각에서 벗어나서 아이가 힘있게 공부할 수 있는 공부력을 고민해야 한다. 세상에는 수많은 교재와 커리큘럼이 존재하지만, 아이에게 필요한 필수 역량을 기르는 데에 이 책이 큰 도움이 될 것이다.

― 정승익 · 『진짜 공부 vs. 가짜 공부』 저자

"아이의 방문은 닫아주고, 마음을 열게 하라"

12년 차 중학교 교사인 저자가 오랜 시간 수백 명의 아이들을 관찰하며 얻은 통찰력과 세 아이를 집공부로 키운 엄마의 생생한 경험이 진하게 담겨 있다. 특히 사춘기 아이들을 바라보는 부정적인 시선에서 벗어나 '아이의 마음을 어떻게 읽어줄 것인가'에 대한 고민을 세심하게 다루는 동시에 부모들의 영원한 숙제인 '결국 공부는 어떻게 잘하게 만드는가'에 대한 속 시원한 해답도 이 책을 읽어야 하는 이유다. 선생님의 마음과 세 아이 엄마의 욕심을 잘 버무려 아이의 공부 뿌리를 단단하게 내리는 방법을 알려주기 때문이다. 중학교로 이어지는 초등 공부에 관한 구체적인 로드맵과 함께, 입시로 이어지는 중학교 공부의 핵심을 짚어주기에, 초등학생과 중학생 자녀를 둔 부모에게 모두 추천한다.

저자가 자신의 자녀를 키우며 실수했던 경험의 솔직한 고백과 그것으로부터 깨닫게 된 소중한 배움을 들여다보면 아이의 사춘기를 앞둔 부모들에게는 '나도 잘 키울 수 있겠다'는 자신감을, 이미 사춘기 아이와 전쟁 중인 부모에게는 난관을 헤쳐나갈 길이 보일 것이다. 쏟아지는 교육 정보의 홍수 속에서 무엇이 좋을지 고민되는 부모라면 이 책을 통해 저자의 족집게 과외 같은 솔루션을 받아보길 바란다. 담임 선생님께는 차마 속 시원하게 물어보지 못했던 질문의 답을 찾을 수 있을 것이다.

— 최은아 · 『자발적 방관육아』 저자

아이와 함께
가꾸는 길을 택했습니다

'근본 없는 단호함'에 취했던 시절

"아니!!! 그게 아니잖아????"

"아니!!! 아니!!! 제발 똑바로 읽어보라고!!"

화를 참아보려 애써보지만 오늘도 실패다. 결국 아이의 닭똥 같은 눈물을 마주하고 만다.

좋은 마음으로 시작했다가도 속에서 천불이 나는 게 아이들 공부를 봐주는 일이다. 그 일을 아이가 셋이 된 지금까지 이어오고 있다. 첫째가 글씨를 곧잘 읽고 쓰던 여섯 살이 되던 해부터 본격적으로 시작했으니 벌써 햇수로 9년째다. 돌이켜보면 나도 참 극성맞은 엄마였다.

첫째가 여섯 살일 때 우리 가족이 외국에서 생활하고 있었다. 외국 생활은 내 안에 잠재되어 있던 극성을 최고치로 끌어올리기에 충분했다.

'한국 애들은 엄청나게 공부한대.'

'학원도 2~3개씩 다니는 게 보통이래.'

'나중에 한국에 돌아가서 적응을 잘하려면 준비를 소홀히 할 수 없어.'

이런 생각이 나를 지배했으니 말이다. 앞도 뒤도 보지 않고 정말 독하게 공부시켰다. 오로지 첫째만 말이다. 그것도 여섯 살부터.

아이가 하기 싫어서 조금이라도 짜증을 내면 "지금 짜증 낼 때야? 얼른 문제 풀어!!", 아이가 문제를 어려워하면 "문제를 꼼꼼히 잘 읽어봐!! 그 안에 답이 다 있어!!!" 하며 아이를 몰아세웠다. 이제 글씨를 읽기 시작했을 뿐인데 읽었으면 이해하는 건 당연하다는 듯이 아이의 입장은 하나도 이해하지 않으면서 말이다. 한 번씩 만나는 친정 부모님께서 "야, 애가 너 눈치 보느라 바쁘다"라고 말씀하셔도 "애가 어른을 무서워할 줄도 알고 눈치도 봐야 바르게 크지" 하며 나의 '근본 없는 단호함'을 그럴듯하게 포장해버렸다. 그때는 공부 습관을 잡으려면 그렇게 하는 것이 당연하다 생각했다. 하지만 돌이켜보니 그 당연함은 엄마의 화내는 스킬 기르기에만 도움 되었지, 아이의 공부 습관을 길러주는 데는 전혀 도움이 되진 않았다.

'근본 없는 단호함'이 깨지던 순간

사실 나는 학교에선 '천사'라고 불릴 만큼 착한 교사다. 집에서 아이가 틀린 문제를 또 틀리면 "야!!!! 너 아까 한 걸 그새 까먹었어?" 하며 혼내기 바쁘지만, 학교 아이들에게는 "괜찮아, 자꾸 틀려봐야 실력이 늘지. 다시 알려줄게" 한다. 집에서 아이가 공부하기 싫다고 하면 "뭔 소리야!! 하면 얼마나 한다고!! 얼른 해!" 하고 다그치지만, 학교 아이들에게는 "그래, 한 번씩 하기 싫은 날도 있지. 그래도 오늘 안 하면 그만큼 다음에 할 공부가 늘어나잖아. 조금만 힘내보자!" 한다. 참 웃기는 짬뽕이다. 학교 아이들의 마음은 누구보다 잘 헤아리는 내가, 집에서 내 아이의 마음 읽기에는 장님이 되어버리니 나 스스로도 이해 안 될 때가 많았다. 자는 아이 머리를 쓸어 넘기며 '미안하다, 고맙다'를 반복해봐야 그 말은 나만 듣고 있을 뿐, 내일은 내일의 태양이 다시 떠오르듯 나의 '근본 없는 단호함'은 매일 업그레이드되었다.

그렇게 툭하면 혼나던 아이가 제대로 잘 컸을 리 없다. 첫째는 어린 시절 다양한 틱 증상이 있었고, 손톱을 물어뜯어 1년 넘게 손톱을 깎아줄 필요가 없던 적도 있다. 안 그래도 예민한 성격의 아이였으나 그 예민함은 "나를 힘들게 하려고 태어났나?"는 말로 단번에 무시해버렸고 잘 키우고 싶다는 욕심에 눈이 멀어 남들보다 더 엄하고 무섭게 아이를 키웠다. 그게 정답이라고 믿으면서 말이다.

틱 증상을 보이고 손톱을 물어뜯는 아이, 그런 아이에게 소리 지르는 나를 보며 무언가 잘못되어도 단단히 잘못되고 있다는 것을 알았지만 진정한 후회와 반성은 첫째에게 사춘기의 기미가 보이기 시작하던 열 살 무렵에야 가능했다. "요즘 애들 참 빨라. 여자애들은 더 빠르대" 하는 말은 자주 들었지만, 진짜 내 아이가 달라지자 덜컥 두려움이 몰려왔다. 늘 사춘기 아이를 마주하는 중학교 교사인 나에게도 내 아이의 사춘기는 두려움의 대상이었다. 내 분에 못 이겨 목소리가 점점 커질 때면, 그런 엄마가 무서워 눈물부터 뚝뚝 떨어뜨리던 아이가 달라진 것이다. 어느 새 내 눈을 똑바로 쳐다보며 매서운 눈빛으로 전했던 메시지가 내 마음에 아직도 박혀 있다.

'엄마는 지금 날 타당하게 혼내는 게 아니에요. 엄마 기분이 내키는 대로 말하고 있다고요.'

더 이상 '훈육'으로 포장한 나의 '근본 없는 단호함'이 통하지 않았다.

내 아이의 마음 읽기가 시작이다

그때부터였다. 내 배 아파 낳은 소중한 내 아이의 마음이 눈에 들어오기 시작했다. 아이가 무섭게 변하는 데는 나에게도 책임이 있다는 생각을 떨쳐낼 수 없었다. 모든 부모가 두려워하는 사춘기 아이들에게도 사랑과 믿음을 주면 얼마나 순수해지는지 목격했기 때문이다. 학교의 아이들은 마음을 살짝만 어루만져줘도 "선생님은 학교에 오고 싶게 하시는 분이에요"라고 말한다. 나는 아이의 그 순수함을 집에서도 만끽하고 싶었다.

공부에 극성이었던 내가 어디 그것만 욕심냈을까. 솔직히 잘 잡힌 공부 습관 덕에 공부도 잘해서 선생님과 친구들에게 공부로 인정받는 아이가 내 딸이기도 바랐다. 자연스레 아이와 좋은 관계도 유지하면서 공부시킬 방법이 너무나 간절해졌다.

나의 사춘기 시절을 되돌아보고, 학교에서 만나는 아이들을 살펴보고, 내 아이를 마주보면서 차곡차곡 만들어갔다. 아이에게는 좀 힘들어도 견디는 게 필요하다고 말하면서 나는 편히 앉아 잔소리만 하기엔 양심에 가책이 몰려왔다. 더욱이 나에게는 첫 4년의 참패 기억이 있지 않은가.

다시는 실패하고 싶지 않은 간절함으로 가꿔온 공부법을 이 책에 꾹꾹 눌러 담았다. 어릴 때 그토록 혼내기만 하던 내가 어떻게 중학교 1학년과 초등학교 4학년에 올라가는 아이 모두 '밥 먹고 숨 쉬듯' 매일 책상 앞에 앉아 공부하게 만들었는지 공유해보겠다. 유치원에 다니는 막둥이가 언니들이 공부하는 것을 보면서 자기도 하고 싶다고 알아서 책을 들고 앉게 하는 공부 비법을 말이다.

이 책은 1부와 2부로 나뉘어져 있다. 대학입시까지 흔들리지 않을 공부력을 키우기 위한 필수 조건들이 1부에 모두 설명되어 있다. 뿌리가 약한 공부력을 가진 아이들이 사춘기가 되면 어떻게 변하는지, 교실 경험을 통해 생생히 묘사했다. 사춘기도 이겨낼 긍정적인 공부 정서를 만들기 위한 방법, 그리고 초등 저학년부터 시작해야 할 절대 포기할 수 없는 공부 습관 3대 원칙을 실었다.

공부력은 공부로 키워야 오래 간다

공부가 인생의 전부는 아니지만, 공부할 나이에 아이들이 공부만큼 강한 성취감을 느끼고 긍정적인 자아상을 갖게 할 강력한 방법도 없다. 아무리 종이접기를 잘하고, 줄넘기를 잘해도 결국에는 학교에서 받은 성적이 강력한 한방으로 작용할 뿐이다. 일상의 작은 성공 경험으로 자신감을 키워주는 게 좋다는 말을 종이접기와 줄넘기만 잘하면 공부는 저절로 잘하게 된다는 말로 오해하지 않으면 좋겠다.

"영수야, 너 달리기 진짜 잘하잖아."

"근데, 공부는 못해요."

"공부 좀 못하면 어때. 지금부터 노력하면 되고, 아니면 네가 잘하는 달리기로 선수가 되도록 노력하면 되지."

"달리기 선수요? 제가 어떻게 선수가 돼요."

영수는 초등학교 때부터 공부 때문에 자존감이 많이 낮아진 아이다. 이렇게 아이들은 생각보다 빠르게 공부로 인해 자신감을 잃는다. 초등학교 때부터 공부로 성공 경험을 시켜줘야 하는 이유다. 콩 심은 데 콩 나고, 팥 심은 데 팥이 나는 법이다. 자신감 키워주려고 종이접기와 줄넘기만 시켜봐야 진짜 공부력은 키워지지 않는다. 공부력은 공부로 키워줄 때 가장 빠르고 강력해진다.

그래서 2부를 준비했다. 2부는 국영수 공부력을 키워줄 다양한 방법에 관한 이야기다. 여기에 제시된 공부법의 핵심 뿌리는 질문과 쓰기로 연결된다. 질문으로 이어지는 대화 속에서 아이의 사고력을 키우고, 쓰기로 생각하는 힘을 굳히는 방법들이다. 결국 공부는 배운 내용을 얼마나 잘 이해해서 답으로 도출해내느냐에 달렸다. 아이 공부시킬 생각만 해도 벌써 마음이 답답하다는 분들이 많다. 그래서 아이 셋 워킹맘인 내가 힘들이지 않고 쉽게 해낼 방법이 필요해서 찾아낸 것들로만 엮어보았다. 새학기가 시작되는 시점에서 하교 후, 퇴근 후 저녁 시간을 어떻게 보내면 좋을지 고민하는 부모들에게 도움이 되기를 간절히 바란다.

'초등 공부력 상담소'를 열며

돌이켜보면 이 방법들을 찾기까지 너무 먼 길을 돌아왔다. 아이들의 마음을 읽어주는 것을 간과한 결과다. 아이들은 정말 단순하다. 아무리 사춘기가 와도 마음을 조금만 어루만져주면 금세 부모의 말에 귀를 기울인다. 반대로 부모의 뜻대로만 하려고 하면 금세 마음의 문을 닫고 사춘기의 충동성을 가감없이 보인다. 그래서 사춘기가 어렵지만 그만큼 쉽기도 하다는 말이다.

매일 아침 엄마와 싸우는 게 일상이라 속상한 아이가 있었다. 아이의 어머니 역시 그런 일상에 많이 지쳐 있었다. 서로의 속상한 마음은 들여다보지 못한 채 각자의 아픈 상처에 집중하는 두 모녀를 위해 나는 기꺼이 다리 역할을 해주었다. 여러 번의 상담 끝에 모녀 사이를 멀어지게 한 문제의 원인은 결국 공부 때문인 것을 알게 되었다. 다만 단순히 공부를 해라, 하기 싫다 실랑이를 벌이는 상황이 아니었다. 오히려 공부를 못한다는 이유로 아무것도 허락해주지 않는 엄마에 대한 서운함이 화근이었다. 동생에게는 원하는 학습지도 척척 제공해주는 엄마가 본인에게는 그렇지 않은 것을 보며 서운하고 무시당하는 기분이 들었던 것이다. 아이는 욕구가 채워지지 않자 일상에서 쉽게 화내는 아이가 되었다. 반면 부모는 아이에게 공부하라고 강요한 적도 없이 두었는데 비뚤어지는 이유를 몰라 매일 반복되는 싸움에 지쳐만 갔다. 공부를 못해서 가장 속상한 것은 아이였다. 마침내 원하던 학원을 다니게 된 날 두 눈을 반짝이며 함박웃음을 띤 얼굴로 나에게 한 말이 아직도 잊혀지지 않는다.

"선생님~ 저 오늘부터 ○○학원 다녀요!"

세상에, 학원에 다니게 되었다고 저렇게 좋아하는 아이를 보게 되다니. 결국 모든 실마리는 아이의 마음 읽기에서 찾을 수 있다. 그러니 커가는 아이를 걱정과 두려움의 시선으로만 보지 말고 조금만 가볍게 다가가자. 아이는 부모가 마음을 읽어주는 만큼 그 문을 열어줄 것이다. 원하는 성적을 얻고 싶다면 책상 앞에 앉히기 전에 아이의 마음 열기부터 시작하자. 새학기를 시작하며 많은 부모님들이 초조한 마음 때문에 부디 나와 같은 실수를 하지 않길 바란다. 비록 나는 오랜 시간에 걸쳐 깨달았지만 '초등 공부력 상담소'를 찾은 분들은 조금이라도 수월하게 길을 찾길 바라며, 이제 본격적으로 우리 상담소의 문을 열어보고자 한다. 공부로 지친 모든 부모와 아이가 이곳에서 잠시나마 치유의 시간을 갖고 단 하나의 해결책이라도 얻어가길 간절히 바라본다.

2024년 3월,
초등 공부력 상담 소장이 된 영어 교사
정주안

PART 2

아이의 내공을 키우는
초등 공부력 상담소입니다

PART 1

아이의
마음을 열어야
공부력이
자랍니다

아이들은 생활 속에서 배운다

비난 속에 사는 아이, 비난을 배우고
적대감 속에 사는 아이, 싸움을 배운다.
비웃음 속에 사는 아이, 수줍음을 배우고
수치심 속에 사는 아이, 자책감을 배운다.
관용과 더불어 사는 아이, 인내심을 배우고
용기와 더불어 사는 아이, 자신감을 배운다.
칭찬을 먹고 사는 아이, 고마움을 깨우치고
공평함을 먹고 사는 아이, 정의를 깨우친다.
보호 속에 사는 아이, 믿음을 배우고
인정받고 자란 아이, 자신을 사랑하는 법을 배우며
포용과 우정 속에 자란 아이,
이 세상을 사랑하는 법을 배운다.

도로시 로 놀테 DOROTHY LAW NOLTE

결정적 시기에
공부력이 자라지 못한 아이들

공부 뿌리가 약하면
의욕이 없는 아이가 된다

"공부하라고 하면 하는 척만 하고, 제대로 하는지 어떤지도 모르겠어요. 하고 싶은 것도 없다고만 하고, 성적도 제대로 안 나오니 더 답답해하는 것도 같아서 이렇게 저렇게 해보자고 얘기하면 화만 내더라고요. 이젠 어느 정도 컸으니 알아서 하겠지 생각하며 지켜보고 있는데, 누굴 닮아 그렇게 의욕도 없고, 욕심도 없는지 모르겠어요, 선생님. 아이를 보고 있으면 걱정이 이만저만이 아니에요."

내 맘 같지 않은 아이와 내 맘도 몰라주는 부모 사이의 공부 갈등이 끝나지 않는다. 공부하라는 한마디에 "제가 알아서 해요" 혹은 "이따가 할게요" 등의 짜증 섞인 대답이 되돌아오기 일쑤다.

다 큰 중학생을 붙들고 공부 습관 잡아주기도 힘들고, 함께하려 하면 할수록 멀어져만 가는 사춘기 아이들 때문에 많은 부모들이 애를 태운다.

끊임없이 비교하고 고민하는 아이들

지난해 가르쳤던 한 아이가 나를 찾아왔다. 반갑게 웃으며 다가온 아이는 "잘 지내고 있지?"라는 지극히 평범한 질문에 눈물을 뚝뚝 떨어뜨렸다. 무슨 일 있냐는 물음에 고개만 절레절레 흔든다. "울고 싶을 땐 울어야지…." 하며 휴지를 쥐어준 채 진정될 때까지 기다렸다.

"요즘 힘든 일 있어?"

"아니요. 그냥 왜 사는지 잘 모르겠어요. 공부도 왜 하는지 모르겠고…."

"음…. 별다른 일은 없는 거야?"

"(고개를 절레절레 흔들며) 없어요. 무슨 일이 벌어진 건 아닌데 요즘 자꾸 눈물이 쉽게 나요."

"우리 가든이 사춘기 왔나보다."

"(미소를 머금으며) 아무래도 그런 것 같아요."

"우리 가든이가 건강하게 잘 자라고 있다는 증거야. 갑자기 감정에 변화가 와서 당황스럽겠구나. 근데 있지 가든아, 원래 사춘기가 되면 감정적으로 쉽게 동요된대. 선생님도 그랬어. 웃다가

울다가, 아무 이유 없이 짜증도 나다가."

"정말요?"

반가운 동지를 만난 듯 그제야 아이는 안도의 미소를 띤다. 달콤한 간식을 쥐어주며 또 마음이 힘들어질 때면 언제든지 찾아오라고 말해주자 웃으며 돌아가는 가든이의 뒷모습은, 아직 한없이 어리기만 하다.

심리학자 에릭 에릭슨Erik Erikson은 사춘기를 자신의 독립성 independence을 실험해보고 자아상a sense of self을 발달시키는 시기로 정의 내렸다. 즉, 정체성을 찾고 독립된 자아로 우뚝 서기 위해 이런저런 행동과 생각을 시도해보는 시기인 것이다. 그래서 사춘기 아이들은 스스로 자신에게 다양한 질문을 던진다. '나의 존재 이유는 뭘까?', '왜 내 마음대로 할 수 있는 게 없지?', '왜 사는 거지?' 등이다. 여기에 '공부는 왜 하는 거지?', '공부해서 뭐하지?'라는 질문도 빠지지 않는다.

대부분의 부모는 아이가 아무 생각 없이 산다고 느낀다. 꿈도 없고 잘해보겠다는 욕심도 없이 그저 친구들과 어울리는 것만 좋아한다고 말이다. 그러나 아이들의 마음속은 부모들이 알지 못하는 많은 갈등과 생각들로 복잡하다. 주위 친구들과 끊임없이 비교하며 경쟁하고, 자신의 존재 가치에 대해 치열하게 고민한다. 부모가 옆집 아이와 나를 비교할 때 몸서리치게 싫은 이유는 본인이 이미 더 잘 알고 있기 때문이다. 고개만 들어도, 눈만 돌려도 나보다 잘하는 아이들이 득실거리는 교실에서 생활하는데 모를 수가 없다.

교사의 평가: 항상 바른 자세로 공부 잘하고 성실한 미정이

친구의 평가: 미정이는 우리 반을 이끌어가는 빛과 소금과도 같은 존재, 뛰어난 실력으로 주변의 부족한 친구들을 이끌어 가고 항상 모범 답안을 제시하는 멋진 미정이

미정이에 대한 친구 평가를 보자. 교사보다 훨씬 구체적이고 자세하다. 친구들의 시선과 평가가 무서울 정도로 정확해서 긴장을 늦출 수 없다. 아무 생각 없이 학교만 다니고 있을 수 없다.

비교 경쟁의 스트레스로부터 자유로운 아이는 아무도 없다. 아무리 전교 1등을 한다 해도 주위에 비슷하게 잘하는 아이들과 늘 경쟁한다. 1등을 해본 아이는 그 자리를 뺏기고 싶지 않아서, 아깝게 1등을 놓친 아이는 1등을 하고 싶어서 한시도 마음 편할 때가 없다. 성적이 좋지 못한 아이는 비교 대상의 폭이 더 넓어지는 만큼 심리적 압박감도 따라 커진다. 견딜 수 없는 압박감에 수업 중에 엎드려 자는 것을 선택한다. 자신의 존재 가치가 나락으로 떨어지는 것을 느끼고 싶지 않기 때문이다.

부정적 공부 정서는 방황으로 이어진다

아이들은 공부를 해야 하는 이유와 필요성을 분명히 알고 있다. 집, 학교, 학원 어디에서도 공부로부터 자유로울 수 없는 환경에서 자라고 있으므로 부모 세대인 우리보다 훨씬 더 그 이유와 필요성을 뼈저리게 느끼고 있다.

공부하다 안 풀리는 문제가 있으면 짜증을 내고 몸을 이리저리 비틀어댄다. 그런 모습을 보면 '아휴, 빨리 끝내고 놀고 싶어서 저러지'라는 생각에 덩달아 답답해지고, 참아야 하는 줄 알지만 어느새 입에선 잔소리가 줄줄 나오고 만다. 어느 날은 억울한 표정을 짓는 첫째에게 물어보았다.

"공부하다 왜 짜증을 내는 거야? 하기 싫어서 그런 거 아냐?"

자신의 마음을 들켜 놀라야 할 아이의 대답에 그만 내가 놀라고 말았다.

"엄마, 짜증을 내는 건 내가 잘 하고 싶기 때문이야. 잘하고 싶지 않으면 문제도 대충 풀기 때문에 짜증도 안 나. 그냥 신경 안 쓰고 막 풀면 되거든."

그렇다. 아이들은 누구나 잘 하고 싶어 한다. 학교에서 공부를 잘 하고 싶어 하는 아이들의 눈망울을 수없이 봐왔다. 그러나 어릴 때 알게 모르게 쌓인 부정적 공부 정서로 진짜 공부를 해야 하는 중학교 시기에 손을 놓는다. 공부를 왜 해야 하는지 모르겠다는 이유를 들면서 말이다.

피아제Piaget의 인지 구조 이론에 따르면 인간은 경험이나 학습을 통하여 기억 속에 저장 정보를 하나의 구조로 묶어서 축적한다고 한다. 이러한 구조를 피아제는 스키마schema라고 불렀다(《교육심리학》, 이건인, 이해춘, 2008년, 학지사). 하늘을 날아다니는 것을 '새'라고 익힌 아이는 하늘을 나는 모든 대상을 '새'라는 하나의 스키마 안에 저장하는 것이다.

공부에 대한 인식도 피아제의 스키마 이론으로 설명될 수 있다. 아이가 지니는 '공부'라는 도식에 부정적 경험이 많이 쌓일수록 '공부는 어렵고 복잡하다', '아무리 해도 뛰어넘을 수 없는 큰 산이다'와 같은 잘못된 공부 도식이 자리 잡는다.

'나는 영어 단어를 잘 못 외우니까 다른 암기 과목도 못 해', '나는 수학의 도형과 측정을 잘 못하니까 기술도 못해' 등 공부라는 하나의 큰 도식에 잘못된 인식이 더해지면서 아이들은 자신감을 잃고 점점 공부와 멀어진다. 그저 공부는 해도 안 되는 것이라는 절망에 빠지면서 말이다.

"나는 못해요"를 달고 사는 아이를 위한 특약 처방

항상 "저는 못해요", "저는 할 수 없어요"라는 말만 입에 달고 사는 지선이와 지남이가 있었다. 지선이는 실제로 고등학교 문제까지 풀 수 있는 실력을 갖춘 아이였음에도 불구하고 항상 부정적인 자아상을 지닌 아이였고, 반면 지남이는 초등학교 때 배워야 할 내용이 제대로 학습되지 못한 채 중학교로 진학하여 수업을 따라가기 힘들어 하는 아이였다. 이유는 달랐지만 지선이와 지남이처럼 항상 '나는 못한다', '나는 할 수 없다'라고 생각하는 아이들을 교육학 측면에서는 '학습된 무기력'에 빠졌다고 말한다.

그런 아이들에게 다시 힘을 주는 방법은 아이 스스로가 참 괜찮은 사람이라는 생각이 들도록 성공 경험을 자주 시켜주는 것이 최선이다. 제 학년보다 훨씬 웃도는 내용을 공부하며 좌절감에 빠진 지선이는 제 학년에 맞는 교재를 풀게 하며 자신이 얼마나 멋지게 과업을 성공할 수 있는지 눈으로 보여주었다. 본인이 생각하는 것보다 훨씬 더 높은 실력을 가졌다는 것을 직접 깨닫게 되면서 지선이는 서서히 자신감을 되찾았다.

반면 평균에 못 미치는 실력을 지닌 지남이는 일상생활에서도 무기력해 보였다. 성적 때문에 아이가 이대로 의욕을 잃고 무너지게 그냥 둘 순 없는 노릇이다. 치열하게 고민하는 사춘기 아이라서 더더욱 그렇게 둘 순 없었다. 지남이의 자존감을 올리기 위해 실천 가능한 계획부터 시작했다.

지남이의 첫 계획표에는 10분 일찍 일어나기, 10분 일찍 자기, 하교 후 바로 옷 갈아입기, 수학 문제집 한 장 풀기 등 충분히 할 수 있는 것들로 매우 세세한 목표들을 적었다. 매일 실천한 것들을 계획표에 동그라미로 표시를 하였고, 계획표에 늘어나는 동그라미를 보며 지남이는 스스로에게도 해낼 수 있는 힘이 있다는 것을 느끼게 되었다. 의욕 없이 학교에 와서 시간만 채우고 집에 돌아가던 아이가 스스로 학원을 등록하고 본격적으로 공부에 더 시간과 노력을 들이게 되었다. 물론 단번에 성적 향상이 이뤄지진 않았다. 중요한 것은 실생활에 전혀 도움도 안 되는 공부를 왜 하는 거냐며 낮아진 자존감을 감추려던 아이가 더 이상 숨지 않고 노력하는 자세를 보인다는 점이다.

공부를 해야 하는 필요성은 학생이라면 누구나 잘 알고 있다. 공부의 중요성을 알지만 시기적절하게 이뤄지지 않은 학습의 무게 때문에 포기해야겠다고 말하는 것일 뿐이다. 그 말을 하는 아이 스스로 그 누구보다 큰 슬픔을 느낀다. 포기했다고 말하지만 누구보다 잘하고 싶기 때문이다. 아이가 긍정적인 공부 정서를 키워나갈 수 있도록 함께 도와줘야 하는 이유다.

학원은
공부법을 가르쳐주지 않는다

"우리 봄이 학교에서는 잘 지내나요? 공부를 해야 하는데 학원만 다니고 그 외에 스스로 하질 않아서 걱정스러워요. 이제는 공부를 해야 할 텐데 말이에요."

"봄이 학교 수업 시간에 집중 잘하며 열심히 하고 있어요. 집에서 아이와 대화는 자주 나누시나요?"

대다수의 학부모들은 교사로부터 아이에 대한 이야기를 많이 들을 것을 기대하고 학부모 상담을 신청한다. 재미있는 건 교사도 학부모 못지않게 아이에 대해 많은 이야기를 듣고 싶어 한다는 것이다. 학교생활을 궁금해하는 학부모와 가정에서의 생활을 궁금해하는 교사, 결국 학부모 상담엔 이야기를 듣고 싶어 하는 두 사람이 존재한다.

교사가 아이의 가정생활을 궁금해하는 이유는 딱 하나다. 학교에서 아이들의 모습이 진짜가 아니기 때문이다. 학교는 아이들이 지식을 얻어가는 공간이기도 하지만, 또래와 하루 종일 부딪히며 지내는 공간이다. 보는 눈이 많아 본인의 진짜 모습을 드러내지 않는다. 특히 교사 앞에서는 매우 바른 모습을 보이려 애쓴다. 가정에서 아이의 진짜 모습이 어떤지 알아야 공부에 집중할 힘과 에너지가 있는 상태인지 판단할 수 있다. 마음이 편할 때 일이 잘되는 것처럼 공부도 마찬가지다. 1차적 사회 공간인 가정에서 가족들과의 관계가 원만해야 학교생활도 건강하게 해나갈 수 있다.

가정에서 아이와 얼마나 대화를 나누는지를 물어보면 수많은 학부모들은 이렇게 답한다.

"네, 자주 하려고 노력해요. 그런데 무슨 얘기만 하면 짜증을 내고, 물어봐도 대답을 잘 안 해서 필요한 말만 하며 지내는 날이 더 많아요."

어떤 학부모는 한숨을 크게 내쉬며 말을 쉽게 잇지 못하기도 한다. 그 한숨과 정적에는 얼마나 많은 고충이 숨겨져 있는지 굳이 말하지 않아도 알 수 있기에 더 이상 물어보지 않는다.

진짜 공부법을 배우지 못한 아이들

커피 공화국이라 불리는 대한민국에는 약 8만개의 카페가 있다. 그렇다면 사교육 참여율 또한 높기로 유명한 대한민국에는 학원이 몇 개나 있을까? 약 7만 개다. 카페 옆에 카페가 있는 커피 공화국에 약 8만 개의 카페가 있는데, 고작 만 개밖에 차이가 나지 않는 수로 학원이 있다. 아파트 단지마다 보이는 편의점 수가 카페 수의 절반 정도인 약 4만 개인 것을 감안할 때 학원 수 약 7만 개는 실로 어마어마하다.

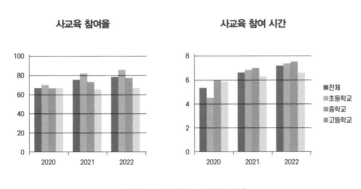

▲ 초중교 사교육비 조사(통계청)

사교육을 받지 않는 학생을 찾기가 힘들다. 실제 2022년 기준 전체 사교육 참여율이 78.3퍼센트이며, 주당 사교육 참여 시간은 2020년 5.3시간에서 2022년에는 7.2시간으로 대폭 증가하였다. 엄청난 수치지만 오히려 교사로서의 체감보다 낮게 측정된 것 같다는 생각이 들 정도로 거의 모든 아이들이 학교와 학원을 오가며 공부를 하고 있다. 부모한테 짜증을 내면서 학원을 다니고, 학원 숙제에 허덕거리면서 학교생활을 간신히 이어간다. 이처럼 공부에 쏟는 시간은 많은데 원하는 결과를 얻는 아이는 소수에 불과하다. 왜 그럴까?

학교에서 한 번, 학원에서 두 번, 최소 두 번 이상 같은 내용을 듣는 아이들의 성적이 좋지 못한 데는 분명 이유가 있다.

학원 숙제는 진짜 공부가 아니다

학원 선생님이 내주는 숙제를 하는 것이 공부의 전부라고 생각하는 아이들이 많다. 학생들에게 전해들은 바로 일주일에 몇 백 개의 단어를 외우는 것은 기본이고, 한두 달 만에 수학 문제집 한 권을 끝내기도 한다. 그만큼 학원 숙제의 양이 상당해서 그 숙제를 제대로 끝내기만 해도 공부가 될 것 같긴 하다. 아이들이 착각할 만한 숙제량이다.

아이들 얘기를 듣다 보니 스스로 공부하는 시간이 언제일지 궁금해서 물어보았다.

"그럼 너는 언제 혼자 배운 내용 정리하며 점검해?"

"네? 숙제하는 것이 공부 아닌가요?"

"그럼, 왜 시험 기간이 되면 공부가 안 된 느낌이 들까?"

"그러게요…."

"선생님이 봤을 때, 너희들은 그 숙제를 제대로 안 해서 그래. 문제를 풀면서 너희가 모르는 것이 무엇인지 찾아야 하는데, 숙제량을 채우는 것에만 급급해서 문제를 꼼꼼히 보지 않아. 어때?"

"맞아요. 집에 오면 10시, 11시라 학원 숙제도 겨우 해요. 꼼꼼히 볼 수가 없어요…."

그렇다. 학원 숙제마저도 제대로 할 시간이 없어서 학교에서 하는 아이들이 많다. 심지어 수업 중 학원 숙제하다가 문제집을 뺏기는 아이들도 더러 있다. 그러니 혼자 꼼꼼히 공부하는 건 언감생심, 꿈도 못 꿀 일이다. 양과 질을 모두 충족시키는 공부가 안 되고 있다.

수업만 들으면 된다는 착각

학교와 학원에서 같은 설명을 반복해서 들으니 이미 다 알고 있다는 착각에 빠지고 만다. 나의 학창 시절을 떠올려보면 학교에서 수업을 들을 때는 다 이해된 것 같은데 집에서 혼자 공부하려면 백지가 되는 경우가 허다했다. 친구들과 이런 이야기를 나누며 참 신기하다고 깔깔 웃었던 기억이 난다.

공부는 혼자 되뇌고 정리할 때 제대로 된 학습이 이루어진다. 수업 시간에는 그저 잘 정리된 내용을 선생님을 통해 듣는 것뿐이다. 듣고 이해하는 것과 직접 적용해보는 것은 분명히 다르다. 학원에 절대적인 시간을 많이 투자하는 요즘 아이들은 학원에서 들은 내용을 학교에서도 듣고 있으니 집중해서 들어야 할 필요성을 못 느낀다. 다 알고 있는 내용을 듣고 있다는 착각을 하면서 말이다. 그렇게 착각에 빠진 줄 모르다 시험 결과를 마주할 때 현실을 직시한다.

분명 학원에서 밤늦게까지 공부했고 많은 시간을 공부에 쏟아 부었다고 생각했는데 결과가 좋지 않으니, 아이들은 생각한다. '나는 멍청하구나. 아무리 해도 안 되네. 나는 공부는 안 되나 봐'라고 말이다. 거듭된 좌절로 결국에는 공부 자체를 포기해 버린다.

친구들과 노는 것을 좋아하고, 연예인에 푹 빠져서, 좋아하는 연예인 얘기할 때만 눈이 초롱초롱한 그런 아이가 있었다. 그래도 영어 시간에 발표를 하거나 문제 푸는 것을 보면 곧잘 해서 공부도 어느 정도 하는 아이라고 생각했다. 중학교 첫 중간고사 날 아침, 연예인 얘기에 눈이 초롱초롱해지는 그 아이가 시험 준비를 하나도 못 했다며 호들갑스럽게 떠드는 모습이 보였다.

"육성재!(그 아이가 좋아하던 비투비 그룹 멤버 중 한 명 이름이다) 무슨 일이야?"

"아, 샘! 저 공부 하나도 못 했어요. 어떡해요?"

"그래도, 영어 좀 하잖아. 평소에 하는 거 보면 괜찮게 하던데?"

"그쵸. 제가 수학이랑 영어는 좀 하죠. 학원 다니고 있으니까. 그래서 솔직히 시험을 가볍게 생각했거든요? 근데, 아닌 것 같아요."

"그래서 어제 공부 얼마나 했는데?"

"제가요, 공부를 하려고 책상 앞에 딱 앉았거든요? 근데 시험

범위가 장난이 아닌 거예요. 그래서 울고 있는데….”

“울었어?”

“네…. 너무 막막해서 눈물이 나더라고요.”

'육성재'와 같은 아이들이 학교에 너무 많은 것이 문제다. 기계처럼 학교와 학원을 다니며 내주는 숙제를 겨우 하는 생활에 익숙한 아이들은 진짜 공부를 어떻게 해야 하는지 모른다. 혼자 정리할 시간도 없고, 그럴 필요성조차 느끼지 못한다.

그럼 같이 학원에 다녀도 좋은 성적을 얻는 소수의 아이들은 뭐가 다를까? 머리가 특출 나게 좋아서 그럴까? 특출 난 아이는 학원을 따로 다니지 않아도 될 것이다. 학원을 함께 다니고 있다는 말은 그 아이나, 다른 아이들이나 기본적으로 지닌 능력에는 큰 차이가 없다는 뜻이다. 그럼, 뭐가 다르기에 공부를 잘하는 것일까?

공부를 잘하는 아이는 성실함이 몸에 배어 있다. 학원 숙제는 무슨 일이 있어도 꼼꼼하게 풀어가며, 본인이 모르는 것을 쉽게 넘기지 않는다. 이해가 안 되는 것은 학교 선생님이나 학원에서 반드시 해결하고 넘어간다. 바로 이것이 제대로 된 공부 방법이다. 누구나 잘 알고 있지만 실천하기 힘든 가장 기본적인 방법인 것이다.

부모도 아이 스스로도 학교나 학원에서 배운 내용이 자연스레 아이 자신의 것이 될 것이라는 착각은 절대 금물이다. 아이 스스로 생각하고 정리할 시간을 충분히 확보할 수 있도록 해주자. 공부는 스스로 해야 한다. 그 누구도 대신 해줄 수 없다. 선생님은 조금 더 알기 쉽게 전문적인 방법으로 지식을 전달해줄 뿐이다. 선생님의 수업을 듣는다고 해서 바로 아이의 지식으로 바뀌지 않는다. 그런 일은 결코 일어나지 않는다.

문제는 태도가 아니라
아이의 마음이다

사춘기 자녀를 둔 부모들이 아이들에게 서운함을 느끼는 것 중에 하나가 자녀들이 방문을 닫고 잘 나오지 않는다는 것이다. 아이가 어릴 때는 너무 부모만 찾아서 힘들다고 토로하다가 아이가 커서 방문을 닫아버리니 또 안 찾는다고 서운해한다. 나 또한 첫째가 커가면서 겪은 마음이라 부모들의 서운함을 모르진 않는다. 그러나 사춘기 아이들로 가득한 중학교에서 근무하는 교사로서 아이들의 입장을 대변해보려 한다.

방문을 닫고 나오지 않는 아이의 속마음

"집에 들어오면 거의 말을 안 해요. 방문을 닫고 들어가서 나오질 않죠. 주변의 또래 엄마들을 통해서 학교 소식을 들을 때도 많아요."

짐작하겠지만 딸보다 아들을 둔 학부모들에게 자주 듣는 말이다. 딸도 딸 나름이라고, 여자 아이들이라고 모두 다 시시콜콜 학교 이야기를 하진 않지만 아무래도 가장 시끄럽게 떠들고 화끈하게 날아다니는 남학생들일수록 집에서는 수도승의 모습을 많이 보이는 건 사실이다.

학교에서의 모습과 집에서의 모습이 상당히 다른 한 남학생이 있었다. 학교에서는 친구들 사이에서도 입담이 좋기로 소문나 있고, 교사와도 어렵지 않게 수준 높은 대화를 구사하는 일명 '언어천재'였다. 하지만 집에 가면 말을 거의 하지 않아 엄마의 속을 태우는 아이로 돌변했다.

하루는 "집에서도 이렇게 말하고 싶지 않아? 말 없는 규민이가 상상이 안 되네"라고 했더니 "이렇게 얘기를 많이 하니까 집에 가서는 아무 말도 안 하는 거예요. 지쳐서 늘어져 있는 거죠"라며 답하였다. 부모, 특히나 규민이 어머니가 규민이와 대화가 적어서 많이 속상해한다 하니 바로 하는 말이 "엄마에겐 죄송하죠"였다. 아이가 방문을 닫고 숨었다고 해서 부모를 향한 마음의 문까지 닫아버린 것은 아니다. 자신만의 쉴 공간이 필요한 것뿐이다.

스페인의 심리학자이자 2008년부터 중학교에서 심리학 및 감성 지능 트레이너로 일하고 있는 발레리아 사바테르^{Valeria}

Sabater는 원더풀마인드●에서 '인간은 보호받고, 스트레스를 완화하며, 집중할 수 있는 완전한 개인 공간이 필요하다'고 했다. 더불어 개인 공간을 '모든 심리 – 감각 자극이 완벽하게 배제된, 혼자임을 온전히 즐기고 안심할 수 있는 공간'으로 정의하였다.

학교에서 '언어 천재'로 불리던 규민이는 2차적 사회 공간인 학교에서 주변 사람들과 원활한 사회적 교류를 하는 방법으로 '말'을 택하였다. 그 과정에서 아이는 끊임없이 타인의 반응을 분석하며 다음으로 내뱉을 말을 스스로 점검하고 결정하여 행동으로 옮기는 일련의 과정에 모든 에너지를 쏟고 있었다. 분명 즐기는 모습이지만 그 과정에서 스트레스도 있었을 것이다. 스트레스 해소 방법으로 방문을 닫고 혼자만의 시간을 가진 것뿐이다. 항상 부모를 먼저 생각하고, 실망시키지 않기 위해 노력하는 아이임에는 틀림없었다.

여성가족부가 2017년 7,676명의 청소년을 대상으로 '청소년 결혼관'을 조사한 결과, 우리나라 청소년의 49퍼센트는 '결혼은 필수가 아니다'는 인식을 갖고 있으며 '결혼 후 아이는 필수'라고 생각하는 청소년은 46퍼센트밖에 되지 않았다. 수업 중 이와

● 원더풀마인드: 정신 건강을 최우선시해야 한다는 믿음으로 심리학, 신경과학, 건강, 웰니스, 개인 및 전문적 성장 등에 관한 다양한 콘텐츠를 다루고 있는 온라인 사이트이다(https://wonderfulmind.co.kr).

비슷한 주제를 다루면서 아이들의 입으로 직접 그 이유를 들어본 적이 있다. "아이 키우는 데 돈이 많이 들어요", "아이 키우는 것이 힘들어요", "저의 삶을 살고 싶어요" 등의 대답을 했지만, 대부분의 아이들이 공통적으로 얘기한 것은 "부모님처럼 아이를 키울 자신이 없어요"였다.

한창 반항하고 생각 없이 친구들과 놀기만 좋아하는 철부지 아이들처럼 보이지만, 누구보다 부모의 노고와 사랑과 헌신을 잘 알고 있었고, 그만큼 잘 해낼 자신이 없어서 결혼도 출산도 주저하고 있었다. 방문을 닫고 들어가는 것이 부모를 향한 마음의 문을 닫은 것이 아님을 절대적으로 잘 알고 있어야 한다. 그렇다면 아이들은 왜 방문을 닫고 들어가며, 그것을 부모들은 어떻게 잘 인정해줘야 할까?

아이의 시간을 존중해야 하는 이유

학년 초 이제 막 서로를 알아가던 시기에 상담 요청을 해온 '똑순이'가 있었다. 여학생이 먼저 상담을 요청하는 경우는 대개 교우 간에 어려움이 있어 불안도가 높은 경우가 많아 그런 종류의 고민거리를 안고 나를 찾아왔을 거라 예상했다. 그러나 '똑순이'의 고민은 나의 예상에서 완전히 빗나갔다. 바로 영어 학원 때문에 스트레스를 많이 받아서 그만두고 싶은데 부모가 반대를 하여 어떻게 해야 할지 모르겠다는 것이다.

그 이야기를 듣는 동안 사라지지 않는 생각은 '정말 괴롭구나. 정말 열심히 할 마음 자세가 되어 있구나. 정말 절절하구나'였다. 그렇게까지 스트레스를 받으며 다니는 학원에서 제대로 된 학습이 될 것이라 생각하지 않았기에 나는 아이와 한편이 되기로 마음먹었다. 다행히 부모는 나와 아이의 의견을 존중해주었고 '똑순이'는 1년 내내 자신이 세운 계획을 철저히 지키면서 행복하게 혼자 공부했다.

학원에 다니는 것이 아이를 불행하게 하고, 학원에 다니지 않는 것이 행복한 아이를 만드는 것이라고 말하려는 것이 아니다. 학원에 다님으로써 안정감을 얻고 공부할 힘을 얻는 아이들도 분명히 있다. 학원 다니기 힘들어 하는 모습에 "○○이는 충분히 혼자서도 잘할 것 같은데, 그렇게 힘들면 잠시 쉬어봐"라고 했더니 "안 돼요. 제가 불안해서 그만두지 못해요"라고 말하는 최상위권 아이도 있기 때문이다.

학원이 문제가 아니다. 아이의 마음이 어떠냐가 가장 중요하다. 우리 집 첫째도 학원을 다닌 적이 있다. 그러나 우리 반 '똑순이'처럼 학원 스트레스가 심해 얼마 지나지 않아 그만두었다. 첫째의 학원 거부 이유는 어마어마한 양의 숙제와 부족한 개인 시간, 딱 두 가지였다. 그렇다고 자유 시간에 대단한 걸 하는 것도 아니다. 슬라임을 하면서 좋아하는 인터넷 영상을 보거나 동생과 게임을 하는 것이 전부인데도 아이에겐 매우 소중한 시간이다.

서울대 소아청소년 정신과 김붕년 교수는 그의 저서 《10대 놀라운 뇌, 불안한 뇌, 아픈 뇌》에서 "아이에게 딴짓할 시간과 공간을 줘라"라고 말했다. 부모에게 의미 없어 보이는 '딴짓'이 아이에게는 '숨통'이라고 말하면서 딴짓의 허용을 매우 중시했다. 공부와 관련 없어 보이는 것에 기웃대거나, 친구들과 학원 '땡땡이'도 쳐보며 스스로 해야 할 것과 하지 말아야 할 것을 결정하게 해야 한다면서 말이다.

학년 초 나를 찾아와 학원을 그만두게 해달라던 그 '똑순이'가 종종 하던 말이 있다.

"학원을 그만두고 삶의 질이 올라갔어요."

고작 열다섯 살이던 그 아이가 삶의 질을 언급할 정도로 아이들은 개인 시간을 간절히 원하고 있다. 그러나 부모가 불안해서 쉽게 공부로부터 떨어져 있는 시간을 제대로 확보해주지 못한다.

부모가 아이의 마음을 알아주고 아이의 요구를 들어주면 아이 역시 부모가 바라는 대로 공부를 하게 된다. 학원을 안 다니는 대신 계획을 세워 철저히 공부 잘하겠다고 다짐한 우리 반 '똑순이'처럼 말이다.

떠먹여주기만 바라는
아이는 NO

중학교 3학년들에게 2학기는 정말 괴로운 시기이다. 자신의 진로에 대해 그 어느 때보다 진지하게 고민해야 하기 때문이다. 특성화고* 를 가느냐 일반고**를 가느냐의 깊은 고민에 빠지며, 어떤 아이들은 하루에도 여러 번 특성화고와 일반고 사이를 왔다 갔다 한다.

● 특성화고: 직업계 고등학교로 특정 분야의 인재를 양성하여 취업을 지원하는 고등학교
●● 일반고: 특성화고, 마이스터고, 특목고, 자율형 사립고를 제외한 나머지 고등학교

"선생님, 저 특성화고 갈까 봐요."

"규민이 네가 왜?"

"일반고에는 죄다 난다 긴다 하는 애들이 오는데 제가 거기서 어떻게 1등급을 받아요?"

"누가 1등급 받으래? 그냥 최선을 다하라는 거야. 그러다 보면 1등급 받는 날이 올 수도 있는 거지."

"저는 하루 종일 빡세게 공부하는 삶이 싫어요. 그럴 자신이 없어요. 하루 종일 어떻게 공부를 해요?"

"규민아, 인생을 살다 보면 한 번쯤은 '아, 최선을 다 했다. 난 후회 없다' 싶을 정도로 내가 할 수 있는 한 끝까지 노력해보는 경험이 필요해. 인생 첫 도전인 대입을 위해 후회 없이 노력해보는 건 매우 값진 일이야."

"그래도 제가 서울대를 갈 수 있는 건 아니잖아요."

"벌써부터 너의 미래를 재단하지 마. 노력해보지도 않고 포기부터 하지 말자. 서울대 갈 사람이 정해져 있는 것도 아니고, 무엇보다 서울대를 꼭 가야만 하는 것도 아니야."

'적당히'가 아닌 '묵묵히' 하는 아이

특성화고와 일반고를 고민하는 아이들의 이유는 정해져 있다. 첫째, 일반고에 가서 내신 관리를 잘할 자신이 없기 때문이고, 둘째, 특성화고에 가면 더 쉽게 취업할 수 있고 특별 전형으로 서울에 있는 4년제 대학에 갈 수 있다는 희망 때문이다.

물론 전혀 틀린 말은 아니다. 일반고는 대학 진학을 목표로 하는 아이들이 모여서 공부하는 곳이므로 내신을 좋게 받으려면 남들보다 더 열심히 공부해야 한다. 특성화고는 학생들의 취업을 목표로 교육하는 기관이라 기업에 관한 정보가 많아 취업이 유리한 편이다. 대학 진학 또한 특성화고 졸업생을 위한 특별 전형이 따로 있으므로 서울에 있는 4년제 대학에 입학할 기회도 주어진다. 그러나 특성화고 출신이라고 해서 모두 다 졸업과 동시에 취업에 성공하고 4년제 대학에 진학하는 것은 아니다. 누구나 인정하는 좋은 기업에 취업하려면 누구보다 열심히 노력해야 하고, 대학 진학은 그보다 더 많은 노력을 필요로 한다. 특별 전형 인원이 많지 않기 때문이다.

아이들이 특성화고로 마음이 기우는 데는 공통된 심리가 작용한다. 정말 죽도록 노력할 마음이 없는 것이다. 적당히 해봤더니 힘들기만 했던 기억에 정말 열심히 할 마음이 안 생긴다. 특성화고 졸업 후 취업을 잘하고, 4년제 대학에 들어갈 수 있었던 사람들이 얼마나 열심히 노력했는지는 보지 못한 채 그저 적당히 노력해서 좋은 결과만 얻고 싶어 한다.

규민이도 그런 아이들 중 하나이다. 좋은 성적에 대한 욕심은 있지만 최선을 다해서 공부하자니 마음이 따라주지 않고, 최상위권 아이들에게 지레 겁먹고 포기하려는 아이들. 모두 다 일반 교육을 받는 보통의 아이들이거늘 '내 옆에 아이가 전교권 성적을 받는다면 나도 가능하겠구나!'라는 생각으로 그냥 묵묵히 공부하는 아이는 별로 없다.

손과 머리를 바쁘게 움직이는 아이

공부가 결코 쉬운 것은 아니다. 쉽지도 않지만 그렇다고 불가능하게 어려운 것도 아니다. 성실성, 책임감, 그리고 조절력을 기르기 위한 공부가 쉽기만 하다면 그것도 이상하다. 인생을 살아가는 데 꼭 필요한 자질을 기르기 위해서라면 조금 괴롭고 힘든 것도 견뎌낼 수 있어야 한다. 스스로 고민하고 참고 노력하는 그 과정을 통해 삶을 살아갈 지혜와 힘을 얻는다. 그런데 많은 아이들은 손 놓고 앉아서 떠먹여주기만을 바란다.

"지난 시간에 이어 오늘도 6단원 본문을 살펴보려고 합니다. 지난 시간에는 대략적인 내용을 파악했다면 오늘은 좀 더 구체적으로 살펴볼 거예요."

문단별로 2, 3개의 문제를 제공하며 영어 지문을 읽게 하면 집중하는 소수의 아이를 제외하고는 대부분이 안절부절못한다. 마치 눈치 게임을 하는 것처럼 말이다. 그중 한 아이가 용기 있게 말한다.

"선생님, 핸드폰 써도 돼요?"

모르는 단어를 검색하기 위해 핸드폰 사용을 허락받는 줄 알았으나 그게 아니었다. 문서를 사진으로 찍으면 번역해주는 프로그램으로 교과서 본문을 해석할 요량이었다. 영어를 잘하고 못 하고의 문제가 아니다. 두뇌를 작동시켜 생각하기 싫어하는 요즘 아이들의 습성이 묻어난 것이다. 중학교 3학년으로 올라갈수록 더 쉽게 번역기를 돌리려 한다. 더 열심히 해석하며 영어 실력을 키워야 할 판에 더 쉽게 공부하려 든다. 번역기라도 돌리는 아이들은 그나마 낫다. 더 심각한 건 아예 손 놓고 선생님이 해석하고 답을 알려줄 때까지 기다리는 아이들이다.

"오솔이는 왜 안하고 있어?"

"눈으로 하고 있어요."

"왜 눈으로 해? 손으로 풀어야 오솔이 지식이 되지."

"이따 선생님이 알려주는 답 쓰려고요. 틀린 것 지우는 게 더 귀찮아서…."

귀찮다고 말하지만 어쩌면 틀리는 것이 두려운 아이일 수도 있다. 그러나 분명한 것은 오솔이 같은 아이들이 늘어나고 있다는 점이다. 공부하는 힘은 스스로 문제에 집중하는 순간부터 길러진다. 주어진 문제를 해결하기 위해 고민하고 또 고민하는 동안 참을성은 물론 생각하는 힘도 길러지는데 대다수는 모르는 것이 나오면 쉽게 포기하고 답을 떠먹여주길 바란다.

뛰어난 발레리나의 공연을 많이 보는 것이 발레 실력을 키우는 데 결정적인 역할을 하지 않는다. 공연을 보며 잘하는 사람들의 기술을 분석 연구한 뒤 직접 연습해볼 때 비로소 진짜 자신의 발레 실력이 된다. 손과 머리를 바삐 움직이지 않는 아이들은 발레 공연만 열심히 보고 있는 격이다. 가만히 잘 앉아만 있는다고 해서 공부가 되지 않는다. 교사가 보여주는 해석을 이해하는 것보다 본인이 직접 해석하는 과정을 통해 익히는 것이 훨씬 더 오래 지속되는 건 너무나 당연한 이야기다. 영어 지문을 읽다가 조금만 막혀도 번역기를 돌리거나 답지를 보면서, 열심히 공부했는데도 성적이 안 나온다며 속상해하는 아이들을 보면 답답할 뿐이다.

CHAPTER
2

공부머리보다 긍정적인
공부 정서가 먼저다

내 아이의 보물을
캐내는 부모는 다르다

아이들은 부모의 마음과 시선을 먹고 자란다. 부모가 "우리 가든이는 색칠을 참 잘하더라"라고 하면 색칠에 더욱더 집중하고, "우리 가든이는 줄넘기 실력이 잘 안 늘더라"라고 하면 아이에게 줄넘기는 넘을 수 없는 큰 산이 되어버린다.

아이를 향한 부모의 말과 행동이 아이에게 주는 영향력은 매우 강력하다. '아이 앞에서 숭늉 마시는 것도 조심하라'는 옛말처럼 아이는 어른의 일거수일투족을 그대로 모방하며 자란다. 그래서 아이 앞에서는 말과 행동을 항상 조심해야 하는데, 그 '말과 행동'에는 아이를 향한 부모의 섣부른 평가나 판단도 조심하라는 뜻이 담겨 있을 것이다. 주변 사람들의 시선과 평가에 민감하게 반응하는 아이들을 보면 쉽게 알 수 있다.

독이 되는 어설픈 비교

많은 부모들이 아이를 키우며 마음이 힘들어지는 순간이 있다. 바로 내 아이가 옆집 아이보다 뒤처지는 것을 발견했을 때이다. 내 아이보다 먼저 숫자를 알고, 한글을 뗀 옆집 아이를 본 순간, 완벽하게 예쁘던 내 아이가 갑자기 어딘가 부족한 아이로 보이기 시작한다. 형제자매가 있다면 한 가정 안에서도 이러한 비교는 은밀하고도 끊임없이 발생한다. 형제자매 간에 비교를 통해 부모가 느낀 실망과 초조함은 성장 속도가 조금 느린 아이에게 그대로 전달되고 그 아이 마저도 자신의 능력에 대해 의심을 품고 자신감을 잃어간다.

이와 같은 실수로 지금까지도 후회되는 경험이 나에게도 있다. 뭐든지 빨리 습득하고 하나를 알려주면 열을 아는 첫째가 모든 아이들의 표준 성장 속도라고 생각하던 초보 엄마 시절 이야기다. 주변에 아이가 많지 않았고 일을 하며 첫째를 키우던 때라 또래 엄마들과 많은 교류를 하지 못하던 나는 여섯 살에 덧셈을 하고, 책을 읽는 첫째를 보며 '역시 아이들은 백지 같아서 가르쳐주는 대로 스펀지처럼 흡수하는구나'라고 생각했다. 뭐든 착착 습득해내는 첫째를 보며 아이들은 원래 그런 줄 알았다.

그런 순진한 믿음은 둘째가 태어나면서 금이 가기 시작했다.

물론 태어나고 말하기 전까지는 무조건 사랑인 둘째를 정말 많이 예뻐하며 키웠다. 문제는 둘째가 여섯 살이 되면서부터였다. 초보 엄마였던 그 당시, 여섯 살은 덧셈을 하고 한글을 뗄 수 있는 평균적인 나이라고 믿었기에, 나만의 '표준 성장 속도'에 못 미치는 둘째가 슬슬 걱정되기 시작했다. 그러나 나름 아이 교육에 대한 전문가적 소양을 가진 사람으로서 최대한 '아이만의 속도'를 존중하며 키우려 애썼다.

초등 입학을 몇 달 앞둔 시기까지 한글을 읽을 줄 모르는 아이를 보며 엄마 빼고 주변에서 난리가 났다. 만나는 친척들이 아직도 한글을 몰라 큰일이라는 반응이었다. 내심 불안해하면서도 '알아서 언젠가는 떼겠지'라고 생각해왔지만, 주변의 등쌀에 결국 '한글 공부'라는 것을 시작해서 한 달 만에 읽고 쓸 수 있게 만들었다.

'아이만의 속도'를 지켜주려던 나의 노력을 보기 좋게 무너뜨린 둘째의 한글 사건 이후, 한없이 사랑스럽기만 하던 둘째가 걱정거리가 되는 건 한순간이었다. 담임 선생님이 "예주 엄청 야무지게 잘 지내고 있어요"라는 얘기에도 '이제 1학년이고 신학기니까 으레 하는 칭찬일 거야' 하며 아이를 걱정과 불신이 가득한 시선으로 바라보았다.

그러나 더 큰 문제는 따로 있었다. 둘째마저도 항상 잘하고 무엇이든 척척 해내는 언니랑 스스로를 비교하기 시작한 것이다. 결국엔 "나는 못 하니까", "나는 못 해"라는 말을 자주 하며 어려워 보이는 것은 시도조차 하지 않으려 했다. 엄마의 마음과 시선이 아이에게 물들어버리고, 언니와의 비교 속에서 부정적 자아상이 생겨버렸다.

보물을 캐내는 부모의 똑똑한 비교

우리 집 둘째처럼 비교로 인해 열등감이 생기고 나보다 우위에 있는 사람에게 질투심을 느낀 경험은 누구에게나 있을 것이다. 그래서 흔히 비교는 좋지 않다고 얘기한다. 과연 비교는 나쁜 것일까? 비교가 좋냐 나쁘냐를 따지기 전에 우리는 왜 본능적으로 비교를 하게 되는지 살펴볼 필요가 있다.

우리는 사회적 동물로서 나와 타인으로 이루어진 세상에서 살아간다. 타인의 시선과 행동으로부터 자유로울 수 없다는 이야기이다. 우리는 실제로 항상 다른 사람의 시선을 의식하면서 살고 있다. 그런 의식적인 의식으로 인해 우리 사회의 질서가 유지되고 있는 것이다. 다른 사람을 의식하기 때문에 다른 사람에게 피해주는 행동을 줄일 수 있고, 도움이 필요한 순간 손길을 내밀어주면서 말이다.

SNS가 유행하면서 우리는 더더욱 다른 사람들을 의식하며 살아가는 세상에서 자유로울 수 없게 되었다. 눈뜨고 감을 때부터 손에 쥐어진 핸드폰 하나로 우리는 다른 사람들의 삶을 너무나 쉽게 엿보고, 그것을 나의 삶과 비교하면서 어떤 사람은 질투심을 넘어 패배의식까지 느끼기도 한다. 이런 현상으로 인해 많은 심리학자들은 타인의 단편적인 모습만을 보고 판단하지 말라는 경고 메시지를 주고 있다.

자녀 교육에서도 이 같은 경고 메시지가 있다. '남의 집 아이와 우리 집 아이를 비교하지 말라.' 하지만 말처럼 쉽게 되지 않는다. 인간의 본능과도 같은 비교를 하지 않고 아이를 키우기란 정말 어려운 일이다. 그렇다면 비교를 똑똑하게 활용해야 한다. 비교를 하며 아이를 닦달할 것이 아니라 아이를 자극하여 노력을 이끌어내는 비교의 선기능을 활용하는 것이다.

예를 들어 구구단을 잘하는 옆집 개똥이와 우리 집 아이가 비교될 때 개똥이 얘기를 직접적으로 하기보단 개똥이가 구구단을 잘하게 된 방법을 알아보고 내 아이에게 적용시키면 아주 좋다. 옆집에서 알려주지 않아도 문제될 것이 없다. 이 책과 같은 자녀 교육서나 온라인에서 필요한 정보를 얼마든지 얻을 수 있기 때문이다.

단, 아이에게 접근할 때 말의 요령이 있다. 옆집의 뛰어난 개똥이를 직접 언급하며 따라 해보자는 식의 접근보다 우리 집 아이의 발전을 위해 필요한 방법을 알려준다는 메시지가 전달되도록 말해야 한다. 다음의 (a) 문장처럼 말을 하면 아이의 자존심에 상처가 될 수도 있고, 괜한 반발심이 생길 수 있다. 하지만 (b) 문장처럼 말을 할 때 아이의 힘든 상황을 인지하여 부모가 아이를 돕는 다는 인상을 줄 수 있어서 훨씬 좋다.

(a) 옆집 개똥이는 구구단을 잘 알던데 노래하면서 외우더라. 우리 가든이도 엄마랑 같이 해볼까?

정답: (X)

(b) 요즘 가든이 구구단이 잘 안 외워져서 속상하지? 구구단이 잘 외워지는 노래를 엄마가 알게 됐는데 같이 해보자.

정답: (O)

비교의 선기능을 활용하면 내 아이의 숨은 보물이 보이기 시작한다. 다른 아이와 달리 내 아이만이 지닌 것들에 집중할 수 있기 때문이다. 습득 속도가 빠른 첫째보다 조금 느린 둘째지만 그 아이의 최대 강점이 있었다. 언니보다 두드러지게 뛰어난 창의성이었다.

첫째가 3~4살 때 늘 모든 색을 다 섞어 검게 색칠해버리기 일쑤였다면 둘째는 그 나이에도 알록달록 예쁘게 색칠했고 색을 섞어도 예쁜 색만 만들어냈다. 언니처럼 검은색으로 색칠 공부 책을 채우는 일은 단 한 번도 없었다. 또 둘째는 만들기를 정말 잘하고 좋아한다. 남들은 멋진 로봇으로 꾸민 것을 우리 집 둘째는 로봇의 다리를 귀로 돌려 생각하여 토끼로 꾸미는 것처럼 남들과 달라 엉뚱하지만 기발한 생각을 잘 해내는 아이였다. 이 강점의 발견은 아이의 자신감은 물론 공부력 키우기에도 큰 역할을 한다.

캐낸 보물은 이렇게 가공한다

아이의 보물을 발견하면 그때부터 아이가 잘하는 것에 집중해서 칭찬해야 한다. 애매모호하고 광범위한 칭찬이 아니라 구체적으로 어떤 부분이 좋으며, 왜 부모는 아이를 멋지다고 생각하는지 그 이유를 분명히 알려주는 것이다.

아이가 잘하는 것이 무엇인지 정확히 알 수 있도록 굉장히 구체적으로 알려주면 아이의 자신감과 자존감이 차오르게 된다. 일상에서 생긴 자신감과 긍정적인 자존감은 공부에도 직결된다. 공부하다가 어려운 문제가 나와도 아이는 끝까지 앉아서 해결하려는 힘이 생긴다. 공부도 결국 자신감 싸움이다. 단 하나라도 잘 해낼 수 있는 힘이 있다는 것을 아이 스스로 깨달아야 힘든 공부를 버텨낼 힘이 만들어진다.

이 세상 모든 아이들은 저마다의 보물을 지니고 태어난다. 그 보물은 부모의 바른 비교와 구체적인 칭찬 방법으로 더욱 반짝반짝 빛을 발할 것이다. 그전까지 공부에도 소극적이었던 둘째가 자신감이 붙어 어려운 문제도 끝까지 해내려는 끈기도 생긴 것처럼

◇ 애매모호한 칭찬

"와! 멋지다. 잘 만들었네. 예주 대단하다!"

◇ 구체적이고 분명한 칭찬

"우와! 어쩜 이렇게 **손으로 만드는 걸 잘하니?** 세상에 **엄마는 이게 다리라고 생각했는데, 예주는 귀라고 생각한 거야?** 다른 친구들이 생각하지 못한 걸 예주가 만들어냈네!"

말이다.

공부란 것은 본디 어렵고 재미없는 것이다. 공부하다 보면 이해 안 되고 어려운 순간을 늘 마주하게 된다. 그걸 이겨내는 아이는 꾸준히 공부할 수 있는 힘을 갖게 되는 것이고 그렇지 못한 아이는 중간에 포기하게 되는 것이다. 꾸준히 공부할 수 있는 힘, 즉 지속 가능한 공부력을 키워주려면 아이가 잘하는 것이 무엇인지 발견하고, 그것을 최대한 구체적으로 아이에게 알려줘야 한다.

그네를 잘 타면 "우리 ○○이는 그네에서 중심을 참 잘 잡는구나!"라고, 칭찬해주자. 그래야 아이 스스로가 무엇을 잘하는지 명확하게 알게 된다. 자신감이 부족한 아이라고 느껴질수록 더 구체적으로 얘기해줘야 한다. 칭찬이 분명할수록 아이는 자신에 대해 더 확고한 신념을 갖게 된다.

공부하다 힘들어 하는 부분이 생기면 아이가 잘하는 것을 끌어오자. "우리 ○○이 그네에서 중심도 잘 잡는데 나눗셈 이것쯤은 쉽게 할 수 있어! 별거 아냐!"라고 말해주면 그네에서 중심을 잘 잡던 그 힘으로 나눗셈 문제도 풀어낸다. 생활 속에서 아이의 자신감을 키워주고, 그 자신감을 공부할 때 마구 활용하는 것이 중요하다. 그럼, 아이는 마법에 걸린 듯 공부력을 쑥쑥 키워갈 것이다.

잘 짜인 시스템,
열 학원 안 부럽다

부모의 기민한 관찰력과 구체적인 칭찬으로 아이의 숨은 보석을 찾아내면 아이의 자신감은 날로 상승하게 된다. 그 기세를 몰아 아이가 공부할 수 있는 시스템을 구축해야 한다. 나이가 어릴수록 효과는 더 빨리 그리고 더 강력하게 나타날 것이다.

공부 잘하는 아이들은 사물함부터 다르다

캐나다 토론토대학교 심리학과 교수인 조던 피터슨은 저서 《12가지 인생의 법칙》에서 "세상을 탓하기 전에 방부터 정리하라"라고 말했다. 피터슨 교수는 사람이라면 누구나 지금의 나보다 성장하길 원하며 그것을 부정하는 것은 거짓이라고 단호하게 말한다. 그러므로 인생에 변화를 원한다면 자신이 할 수 있는 작고 사소한 것, 즉 방 정리부터 하라는 것이다. 방 정리를 통해 개인의 통제력이 발휘되고 이로 인해 그동안 갖지 못한 새로운 자신감이 생겨남으로써 인생에 변화를 불러일으킬 힘이 생긴다는 것이 그의 입장이다. 무슨 방 정리 하나에 인생에 변화와 성공이 찾아오냐는 의구심이 들 수 있다. 만약 내가 교사가 아니었다면 같은 생각을 했을 것이다. 그러나 공부 잘하는 아이들의 주변을 보면 항상 깨끗하게 정돈되어 있다. 분명 정리에는 우리가 모르는 힘이 있다. 피터슨 교수의 이론에 기초하여 방 정리와 공부력의 상관관계를 정리해보았다.

정리의 마법 ① 자신감이 생긴다

스스로 하는 것을 통해 아이의 자신감이 향상된다. 아이의 자신감은 꼭 좋은 성적을 통해서 얻을 수 있는 것이 아니다. 오히려 자신감이 있어야 좋은 성적을 받을 수 있다. 이 자신감은 아이가 성장하는 과정에서 반복적으로 경험한 성취감을 통해 만들어진다. 생각보다 많은 부모들이 공부에만 집중하라며 공부 외의 나머지는 다 해줘버린다. 그런데 공부만을 통해 아이들이 성취감을 얼마나 느낄 수 있을까? 매번 시험을 볼 때마다 아이가 만족스러운 결과를 얻을 수 있을까? 아니다. 오히려 공부만큼 실망을 쉽게 안겨주는 것도 없다. 노력은 배신하지 않는다지만, 원하는 결과를 얻기 위해선 생각보다 많은 노력을 필요로 한다. 피터슨 교수가 말한 것처럼 일상생활에서 사소해 보이는 것들로부터 성취감을 느껴 자신감 있는 아이로 키우는 것이 더 중요하다. 정리 후의 결과야말로 배신하지 않는다. 아이들이 스스로 정리했을 때 깨끗해진 주변을 보며 느낄 뿌듯함을 떠올려보자. 이를 통해 얻는 자신감이 공부하는 힘의 밑거름이 된다. 지금 당장 본인이 먹은 밥그릇은 스스로 치우게 하자.

정리의 마법 ② 꼭 해야 할 일이 떠오른다

주변을 정리하다 보면 해야 할 일도 꼼꼼히 챙기게 된다. 우리 집 아이들은 정리하다가 꼭 "아! 엄마, 오늘 학교에서 가정통신문 받아온 게 있는데…" 하며 가정통신문을 꺼내오고, "아! 엄마, 오늘 학교 숙제 있어" 등의 이야기를 꺼낸다. 정리를 하면서 본인이 해야 할 일들이 생각나는 것이다. 정리가 습관이 되면 아이들이 해야 할 일들을 스스로 챙기게 된다. 그럼 아이 자신도 모르게 학교에서 준비물을 잘 챙기고 과제를 잘해오는 멋진 아이가 되어 있다. 그렇게 학교에서 교사와 친구들에게 멋진 아이로 내비쳐지면 잘하고 싶은 아이의 욕구가 더 강하게 자극되어 공부를 잘할 수밖에 없다. 지금 당장 신발장 정리를 시켜보자.

정리의 마법 ③ 노트 필기가 구조화된다

주변을 정리하며 공부한 내용을 정리하는 스킬이 늘어난다. 아이들은 하루 종일 쉴 새 없이 쏟아지는 정보를 머리에 담아야 한다. 아무런 구조 없이 그냥 쏟아지는 대로 머리에 넣으면 오래 기억하기 힘들다. 제공되는 정보를 이해하기 쉽도록 재배치하고 재구성할 수 있어야 공부를 잘하게 된다. 이러한 능력을 공부할 때만 만들려고 하면 안 된다. 일상생활 속에서 만들어야 한다. 아이 주변을 차곡차곡 정리하는 과정에서 아이는 분류를 익히고 효율적인 재배치 방법을 익힌다. 그것이 곧 지식을 재구성하는 일과 일맥상통한다. 일상생활에서의 정리 습관이 없다면 공부할 때 무질서하게 쏟아지는 정보들을 짜임새 있게 재구성하는 방법도 모르게 된다. 그러니 지금 당장 아이에게 책상 정리를 시키자.

정리의 마법 ④ 관계가 좋아진다

깨끗해진 집이 아이와 부모의 관계를 좋게 해준다. 내가 아닌 다른 사람에 의해 어지럽혀진 집을 보면 한숨과 짜증이 절로 난다. 그 사람이 내 아이라 할지라도 예외가 아니다. 어지러운 집만큼이나 어지러운 마음을 부여잡으려 노력하지만, 저절로 나오는 한숨과 잔소리는 어쩔 수 없다. 그런데 어느 날 아무렇게나 옷을 벗어 던지던 아이가 가지런히 정리해놓은 모습을 본다면? 그때는 한숨과 짜증이 아니라, 칭찬이 절로 나올 것이다. 아이가 평소 잘

하지 않던 일을 했기 때문이다. 이런 칭찬을 통해 아이의 좋은 행동은 더 강화되고 부모의 한숨은 잦아든다. 잔소리가 사라지니 관계가 좋아지는 건 당연하다. 부모와 자녀의 관계가 부드러워질 때 공부 습관을 잡는 것도 훨씬 수월하다. 아이와의 좋은 관계를 통해 아이 공부력을 키우고 싶다면 벗은 옷 정리부터 시켜보자.

혹시나 "우리는 이미 늦어서 아이 공부 습관부터 잡게 할래요"라고 말한다면 단호하게 안 된다고 말하고 싶다. 우리의 뇌는 주변 공간에 큰 영향을 받는다. 정리되지 않은 주변 방해 요소들은 공부에 집중할 뇌 에너지를 앗아간다. 지저분한 곳은 지저분하게 써도 죄책감이 덜 든다. 마찬가지로 지저분한 곳에서는 대충 공부해도 될 것 같은 마음이 들어 고도의 집중력을 발휘하지 못한다. 공부에 쓰일 뇌 에너지를 최대한 많이 확보하는 것이 공부 습관을 잡는 것보다 먼저 이뤄져야 하는 이유다.

공부에도 관성의 법칙이 작용한다

정리 습관을 통해 기본 생활 습관과 공부 환경을 마련하였다면 진짜 공부하는 습관을 길러야 한다. 정리만 한다고 공부가 절로 되는 것은 아니니 말이다. 그러나 문제는 시간이다. 아이들을 제대로 먹이고, 입히고, 재우고, 씻기는 것만으로도 부모의 하루는 부족하다. 특히나 나처럼 맞벌이 부부라면 아이들 공부에 집중할 시간과 에너지가 절대적으로 부족하다. 나에게도 어쩔 수 없는 고군분투의 시간들이 있었다. 그 시간들을 거쳐 현재 우리 아이들이 매일 공부하는 습관을 만들게 된 일련의 과정들을 짧은 일화로 풀어가보려 한다. 아마도 많은 부모들, 특히 나와 같은 워킹맘이라면 더욱 공감할 것이다.

① 시간 정해두기

째깍째깍. 시곗바늘 소리에 내 마음도 따라 분주해진다.

'아, 곧 애들 공부할 시간인데, 아직 설거지를 못 했네.'

분주해진 마음은 이내 조급함으로 바뀌고 신경이 온통 시계에 집중된다.

'그냥 오늘은 좀 늦게 할까? 아냐! 애들 공부는 습관이랬어. 정해진 시간에 해야 아이들 습관이 잡히지! 빨리 설거지부터 끝내놓자!'

아이들은 이런 내 마음도 모른 채 노느라 정신이 없다.

"얘들아, 시간 다 됐다. 얼른 공부하자!"

몇 번 더 타이르듯 얘기하고 불러보지만 내 말이 공중 분해되는 것을 보며 화가 나기 시작한다.

"야! 몇 번이나 얘기해! 공부하라고!"

그제야 하던 일을 멈추고 엄마를 보더니 사태 파악이 된 아이들. 주섬주섬 오늘 해야 하는 것들을 펼친다. 아이도 나도 기분이 안 좋다. 아이가 너무나도 쉬운 문제를 못 풀고 또 헤매고 있다. 지난번에도 했던 문제라는 생각에 다시 화가 난다.

"이걸 왜 몰라? 며칠 전에 했잖아!"

한 번 폭주한 마음은 멈출 줄 모르고 별거 아닌 일에 자꾸만 심통을 낸다. 아이들은 엄마 눈치를 보느라, 해야 하는 공부에 집중하질 못한다. 그것 때문에 또 혼내고 만다.

살다 보면 예상치 못한 변수들이 시시때때로 생기고 계획대로 되지 않는 경우가 빈번하다. 그럼에도 정해진 공부 시간만큼은 사수하려고 애쓰는 경우가 많다. 안 그래도 애들 공부를 봐주다 보면 화가 나기 십상인데 시간의 압박까지 가미되니 아이와의 공부가 즐거울 리가 없다. 그런 상황에서 아이들은 과연 머릿속에 공부 내용을 얼마나 잘 저장하고 있을까? 결국 공부 시간을 늦춰보지만 그래도 매한가지다.

"엄마가 바빠서 시간 못 지켜도 너희가 알아서 챙겨야 하지 않을까? 공부 시간 알고 있잖아!"

사실 엄마가 바빠서 공부 시간을 잊어주길 바란 아이들에게 잔소리만 늘어놓을 뿐이다. 돌이켜보니 정말 의미 없는 소모전을 치르느라 아이들과 사이만 더 나빠지게 만들었다.

여러 번의 실패 끝에 공부 시간을 정해놓지 말고 애들 일과에 끼워 넣자는 생각이 들었다. 아침에 일어나서 학교 가기 전까지 씻고 밥 먹고 옷 갈아입는 매 행동들이 정해진 시간에 따라 이뤄지는 것이 아니듯이 공부하는 것도 시간을 정하지 않기로 했다.

문제는 어디에 끼워 넣을 수 있느냐였다. 우리 집의 경우 '엄마가 퇴근하기 전', '저녁 식사 전', '저녁 식사 후' 이렇게 세 가지 경우로 정리되었다. 하나하나 실천해보았다.

② 퇴근 전 공부 시키기

엄마로서 가장 좋은 선택지인 '퇴근하기 전에 아이들이 알아서 공부를 끝내놓는 것'부터 시작했다. 시간을 정해놓고 공부시킬 때는 이미 조급함이 가득한 채로 시작하다 보니 아이가 앉아 있는 모습이며, 지난번에 알려준 것을 까먹고 또 헤매는 모습들이 다 못마땅할 뿐이었다. 그 기억이 있기에 속된 말로 이 꼴 저 꼴 안 보고, 엄마 잔소리도 안 들을 수 있는 시간에 애들이 해놓으면 그거야말로 최선의 선택일 것 같았다.

그런데 얼마 지나지 않아 이 선택은 철저히 엄마가 편하자고 택한 것이었음을 알게 되었다. 엄마가 없는 집에서 그것도 아이가 알아서 모든 공부를 끝내놓기는 정말 어려운 일이었다. 주변에 유혹이 너무나 많기 때문이다. 조금만 더 쉬었다 공부해야겠다고 미루다 보면 엄마가 집에 올 시간이 다가오고, 아이들은 그제야 해보려고 하지만 시간이 부족하기 일쑤였을 테다. 그때 아이들 머릿속에 번뜩 떠오르는 것이 있으니, 그것은 바로 답지였다. 어느 날 아이의 국어 문제집을 채점하는데 어쩜 그렇게 토씨 하나 안 틀리고 잘 베껴놓았던지. 그렇게 엄마의 퇴근 전 공부는 일단락이 되었다.

③ 저녁 식사 전 공부시키기

두 번째 선택지로 옮겼다. 한석봉과 어머니처럼 '나는 저녁 준비를 할 터이니 너희는 공부를 하거라'라는 생각이었다. 저녁 준비하느라 분주한 가운데 아이들이 돌아가며 이해 안 되는 부분을 물어본다. 처음 몇 번은 대답을 잘해주다가 엄마도 사람인지라 점점 혼이 나가게 되니 또다시 조급함이 몰려온다. 고기를 굽다 태워 먹기도 여러 번이었다. 정말 엄마 하기 힘들다. 갑자기 억울함도 밀려온다. 학교에서 하루 종일 애들 가르치다 왔는데, 집에 와서까지도 애들 공부를 봐주는 이 생활이 억울하고 힘들다. 또 분위기가 안 좋다. 저녁 식사 전 공부도 빨리 접었다.

④ 저녁 식사 후 공부시키기

거듭된 실패 끝에 지금은 저녁 식사 후에 공부하는 것으로 정착되었다. 아이들도 배가 든든해지고 난 뒤라 그런지 더 집중을 잘한다. 오히려 아이들이 먼저 알아서 움직이는 경우가 더 많아진다. 그런 아이들이 기특해서 칭찬이 절로 나오니 아이들은 알아서 공부하는 멋진 모습을 더 자주 보여준다. 시간을 정해놓고 공부하던 예전과는 전혀 다른 분위기다. 엄마인 나도 공부 전부터 힘을 빼지 않았더니 좋다. 그렇게 아껴둔 에너지로 아이들이 어려워하는 부분을 잘 설명해주게 된다. 가끔 폭주 기관차처럼 감정의 소용돌이에 빠지는 때를 제외하면, 훨씬 부드러운 엄마의 모습으로 아이들을 대하게 되었다.

결국 아이 공부는 부모의 에너지가 얼마나 덜 소모됐느냐에 따라 성패가 갈린다. 각 가정에서도 부모와 아이들의 생활 패턴을 잘 관찰해보자. 분명 공부 시간을 배치할 최적의 자리가 있다. 이때 가장 중요한 것은 부모의 마음이 여유로울 수 있는 때를 고르는 것이다. 여유는 부모가 마음을 내려놓을 때 생긴다. 설거지, 집 청소, 휴식 중 어느 하나는 내려놓자. 내려놓지 않으면 여유가 생기지 못하고, 여유가 없으면 아이 공부 습관 잡기도 힘들다. 내 아이가 공부를 잘하길 진심으로 바란다면 포기할 줄 아는 단호함도 필요하다.

공부에도 관성의 법칙이 작용한다. 초등학생 때부터 공부 습관을 잘 잡아둔다면 중·고등학생이 되어서도 쭉 공부하는 아이로 자랄 수 있다. 그래서 공부 습관은 일찍부터 잡아두는 것이 매우 중요하다. 정리를 통해 기본 생활 습관과 공부 환경을 조성하고, 하루 중 여유로운 때를 포착하여 공부 습관을 길러준다면 사춘기가 되어도 공부에 손을 놓는 일은 없을 것이다. 중학교 1학년을 코앞에 둔 까칠한 우리 집 아이가 지금까지도 정해놓은 패턴대로 알아서 공부하고 있듯이 말이다.

이렇게 해야 아이가
책상 앞에 앉는다

아이의 보물을 캐고, 시스템을 구축하여 공부 환경을 마련했다면 매일매일 책상 앞에 앉게 하는 힘이 필요하다. 시스템이 없어도 문제지만 애써 구축한 시스템이 잘 유지되지 않는다면 그것만큼 애석한 일도 없을 것이다. 유지의 힘은 어디서 나올까?

유명한 '할로우Harlow의 애착실험'에서 그 힘을 찾아보려 한다. 이 실험은 태어나자마자 어미로부터 격리시켜둔 새끼 원숭이를 두 대리모 인형에게 데려가 어느 쪽에 더 강한 애착을 보이는지 연구한 실험이다. 새끼 원숭이는 젖병은 있지만 차갑고 딱딱한 철사와 나무로 만들어진 대리모보다, 젖병은 없지만 부드러운 담요로 덮인 대리모에게 더 강한 애착을 보였다.

할로우의 실험은 우리에게 시사하는 바가 크다. 먹는 것(젖병)이 우리 삶에 필수 요소인 의식주 중 하나임에도 불구하고, 우리가 살아갈 실질적 힘은 배를 채워줄 음식보다 마음을 채워줄 따뜻하고 포근한 대상을 통해 얻는 것임을 보여주기 때문이다. 이 실험 결과는 딱딱한 의자에 앉아 공부하는 우리 아이들에게도 그대로 적용된다. 아침부터 늦은 오후까지 논리적이고 비판적인 사고를 요구받느라 차갑게 식어가는 우리 아이들의 몸과 마음에 따뜻하지만 강한 온기를 넣어줄 대상이 필요하다.

따뜻한 인정에 데워지는 공부력

"학생이 공부하는 것은 당연한 거야. 누가 나가서 돈 벌어 오래? 엄마 아빠가 다른 건 다 해결해주는데 무슨 걱정이 그리 많아? 공부나 잘해."

맞는 말이다. 너무 맞는 말이어서 아이의 마음이 차갑게 얼어 버린다. 다른 건 신경 쓰지 않아도 되고, 공부만 하면 된다는 그 말이 더 부담스럽다. 차라리 나가서 돈 버는 일이 더 쉬울 것만 같다. 어른은 어릴 때 공부 때문에 힘들었던 기억을 잊어버렸고, 아이들은 남의 떡이 더 커 보여서 힘들다.

'공부' 이 두 글자가 가져오는 부담감은 실로 엄청나다. 학년이 올라갈수록 아이들을 짓누르는 무게감은 '힘들다'는 말로 표현하기에도 부족하다. 공부는 마치 해도 해도 티는 안 나지만 안 하면 금세 티가 나는 집안일과도 같다. 매일 해도 아이의 실력이 바로 눈에 띄게 발전하지 않는다. 나름 시험 준비를 열심히 했다고 생각했지만, 막상 성적은 기대만큼 눈에 띄게 확 오르지 않는다. 그렇다고 해서 손 놓아버리면 금세 성적은 곤두박질치니 미치고 팔짝 뛸 노릇이다. 아이들에게 공부란 그런 존재다.

　매일매일 힘겹게 집안일과 싸우는 아내들이 "힘들지? 고생했어"라는 남편의 말 한마디에 힘을 내어 가정을 꾸려나가는 것처럼, "공부하느라 힘들지? 오늘도 수고 많았다"라는 부모의 따뜻한 말 한마디와 온정으로 아이들은 공부할 힘을 얻는다. 아무리 좋은 학원을 보내고, 아무리 열심히 옆에 끼고 아이의 공부를 점검해주어도 부모의 따뜻한 말과 행동이 동반되지 않으면 그 노력의 효과를 기대하기 어렵다.

　집에서 아이들의 공부를 봐주다 보면 유독 문제 풀기를 어려워하고 힘겨워하는 날이 있다. 아이들이 괴로워하는 모습을 평온한 마음으로 지켜볼 수 있는 부모가 얼마나 될까? 있기는 할까? 나도 사람인지라 아이의 고통 섞인 짜증에 목소리도 따라 커지는 날이 있다. 서로 몸에 잔뜩 힘이 들어간 채로 공부를 끝내고 나면 아이도 나도 지친다. 힘이 든다. 다 때려치우자는 소리가 목구멍까지 치솟는다.

　포기하고 싶은 마음이 나만 들겠는가. 아이들도 매한가지일 테다. 아이들이야말로 더 쉽게 포기하고 싶은 마음이 들 것이다. 인생의 역경을 훨씬 적게 겪어본 아이들이기에 공부하다 막히는 부분에 대해 인내하는 힘이 부족한 것은 당연하다. 그러나 아이 스스로도 공부를 포기할 수 없다는 것을 알기 때문에 또 힘을 내어 내일도 내일의 공부를 이어간다. 그래서 힘든 시간을 보낸 날은 아이를 더욱더 힘주어 꼭 안아준다.

"문제가 잘 안 풀려서 많이 힘들었지? 그래도 포기하지 않고 끝까지 이해하려고 노력해줘서 고마웠어. 기특하다 우리 딸."

이 한마디 말에 참아왔던 눈물을 보이기도 한다. 서로의 체온으로 꽁꽁 언 아이의 마음이 눈물과 함께 녹아내린다. 나의 눈시울도 뜨거워진다. 미안하고 고맙다.

즐거울 때 더 뜨거워지는 공부력

아이들과 더 뜨거운 시간을 보내기 위해 동원한 것이 있다. 바로 누구에게나 인기 있는 보드게임이다. 보드게임을 하면 더욱더 즐겁고 유쾌하게 이야기를 나눌 수 있어 우리 가족이 가장 기다리는 시간이기도 하다. 아이들이 미취학이던 시절에는 보드게임이 그저 규칙의 중요성을 알려주고 성취감을 알려주는 도구에 지나지 않았다면, 예비 중학교 1학년과 초등학교 4학년이 된 아이들과 하는 보드게임은 그 이상의 경험을 공유할 수 있는 아주 소중한 도구가 되었다.

게임을 하면 누구나 즐겁다. 물론 이기고 지는 것에 예민하게 반응하기도 하지만, 졌다고 눈물을 흘리는 시기는 미취학 때 이미 다 경험하고 올라왔기에 초등학생들과의 보드게임은 즐거움이 더 크게 자리하고 있다. 즐거운 마음이 들자 평소에 미처 하지 못한 이야기를 주고받는다. 예전에 있었던 재미있는 기억이 갑자기 떠올라 회상하기도 하고, 각자 학교에서 있었던 일이 갑자기 떠올라 시간 가는 줄 모르고 이야기한다. 그러다 보면 누구 차례였는지 잊어버리기도 한다. 누군지 몰라서 헤매는 그 순간마저도 즐거움이다. 그렇게 한바탕 웃으며 서로의 온기를 느낀다.

공부는 세상을 살아가는 데 필요한 기본적인 인지능력을 키우는 가장 힘들고 어려운 지적 탐구 활동이다. 공부하는 모든 순간이 보드게임하듯 재미있기만 하면 참 좋을 텐데 그렇지 못하기 때문에 어렵고 힘들다. '할로우의 애착실험'에서 보았듯이 우리는 포근한 접촉을 통해 마음에 안정을 찾고 주변을 탐색할 힘을 얻는다. 아이들에게 마음에 안정이 필요한 이유이자, 아이들과 함께 즐거운 시간을 보내야 할 이유이다. 따뜻하게 안아주자. 진하게 즐기자. 부모가 건네준 따뜻한 눈길과 포옹의 기억으로 오늘도 아이는 책상에 앉는다.

공부와의 싸움에서
친구가 되어주는 법

아이가 책상 앞에 앉아 있는 시간을 10분, 20분, 그리고 1시간, 2시간으로 연장시키려면 공부를 지속할 힘이 필요하다. 많은 가정에서 아이를 책상 앞까지 앉혀놓기는 한다. 협박이든, 회유든, 설득이든 갖은 방법을 써서 말이다. 그러나 아이가 진득하게 앉아서 공부하는 모습을 보기는 힘들다. 서로의 체온으로 공부할 힘을 은근하게 데워놓지 않은 상태라면 더더욱 아이는 쉽게 자리에서 일어난다. 10분 앉았다 일어나서 물 먹으러 나오고, 5분 앉았다가는 잘 모르겠다며 질문거리를 들고 나온다.

아이들은 왜 이리도 공부에 집중하지 못하고 엉덩이를 자꾸만 들썩거리는 것일까? "그럴 시간에 공부하겠다", "빨리 하고 놀아"

라는 말로 아이를 앉혀보려 하지만 그럴수록 아이들의 몸과 마음은 더욱 배배 꼬여버린다. 아이의 마음에서 우러나는 공부가 아니라 부모의 말을 듣느라 하는 것이 되어버린 공부와 더욱 멀어지고 만다.

스트레스를 나홀로 감당하는 아이들

공부는 선생님이 전달한 지식을 받아들이는 것으로 아이만이 해낼 수 있는 고유한 영역이다. 똑같은 선생님이 똑같은 교실에서 똑같은 시간에 똑같은 내용을 전달하지만, 그 지식을 받아들이는 정도는 아이마다 천차만별이다. 공부하는 동안 아이의 머릿속에서 어떤 생각이 이루어지고 어떤 과정으로 지식을 받아들이는지는 아이 자신 외에 아무도 모른다. 즉 아이 자신과의 치열한 싸움이 동반되는 것이 공부인 것이다.

우리 집 아이들이나, 학교 아이들이나 공부를 신나서 하는 아이는 없다. 성적이 좋은 아이는 그 성적을 유지하거나 더 좋은 성적을 받기 위해 노력하는 과정에서 스트레스를 받고, 실력이 부족한 아이는 성적을 올리고 싶지만, 뜻대로 되지 않아 스트레스를 받는다.

우리 아이들 마음이 그렇게 공부 스트레스로 멍들어가고 있다. 요즘 10대의 마음이 병들어가고 있음은 여러 기사를 통해 어렵지 않게 알 수 있다. 심지어 얼마 전엔 10대 청소년 마약사범이 최근 5년간 3배 가까이 늘어났다는 기사까지 접하였다. 충동성이 커지는 10대에게 마약을 제공한 어른이 가장 나쁘지만, 우리 아이들이 건강한 마음을 지니고 있었다면 최근 5년간 3배 가까이 늘어난 아이들이 마약에 손을 댔을까?

수업을 하다 보면 갑자기 기운이 없거나 의욕이 사라지는 아이가 있다. 늘 그런 것이 아니라 평소에는 엄청 활발하고 기운 넘치다가 일순간 멍한 모습을 보이는 것이다. 그중 유독 기억에 남는 아이가 있다. 그 아이는 자기 주도적인 공부 습관이 확실히 잡혀 있어 시키지 않아도 알아서 책을 찾아 읽고, 알아서 정리하고 공부하는 학생이었다. 부모는 아이가 워낙 알아서 잘하니까 공부뿐만 아니라 생활 전반에 대해서도 아이에게 일임했다.

여기까지만 들으면 이 아이는 자신감이 넘쳐야 하고, 매사 긍정적인 태도를 지녀야 할 것이다. 늘 주변 사람들, 특히 교사에게 무한 칭찬을 들으니 말이다. 그러나 그 아이는 정반대였다. 어딘가 모를 쓸쓸함이 있고 친구들과 신나게 어울리지 못한다. 늘 불안해 보였다. 눈물도 쉽게 흘리고, 속에 하고 싶은 말이 가득해 보이는 그런 아이였다.

모든 부모가 바라는 성실한 태도를 지닌 그 아이는 왜 우울감이 있을까? 왜 그 아이는 "고생했지", "힘들었지"라는 말에 눈물이 그렁그렁하고 한 번씩 교무실에 와서 기회만 되면 자신의 어려움과 속상함을 토로하며 눈물을 쉽게 보이는 아이가 되었을까? 그 아이를 힘들게 하는 것은 알아서 잘하는 그 아이를 너무 믿고 혼자 놔둔 부모에게 쌓인 서운함 때문이었다. 아이는 자신의 마음을 알아봐주는 사람이 간절히 필요했던 것이다. 알아서 잘한다고 해서 힘들지 않은 것이 아니다. 그것을 몰라주는 부모에게 쌓인 서운함이 그 아이를 더욱 강한 스트레스 상황으로 몰고 갔다.

공부하는 아이 옆에 있어줄 때 생기는 일

지금 우리 부모들은 모두 다 좋은 대학에만 집중하여 너 나 할 것 없이 아이의 공부에 몰두하고 있다. 그것이 아이를 위한 것이라고 믿으며 공부에만 집중하느라 아이의 마음을 들여다볼 여력이 없다. 한 번씩 괴로워하는 아이의 모습이 눈에 들어오지만, 그럴 때마다 부모는 생각한다. 지금 당장 아이가 힘들어해도 좋은 성적을 받으면 그것으로 보상될 것이고, 결국엔 이 힘든 마음이 눈 녹듯 사라질 것이라고.

몇 년 전 일이다. 나름 열심히 공부하고 있지만 성적이 잘 나오지 않는 아이의 부모가 상담을 하러 왔다. 어릴 때 영어 유치원도 보냈고, 학원이며 과외며 꾸준히 시키고 있지만 노력한 만큼 성적이 나오지 않아 걱정이 많았다. 노력한 만큼의 결과가 나오지 않을 때는 반드시 구멍이 있으니, 그것을 함께 잘 찾아보자 말하며, 공부하는 아이 곁에 함께 있어주면 아이에게 더욱 힘이 될 것이라 말했다. 그러자 그 학부모는 중학생인 아이 옆에, 그것도 공부하는 사춘기 아이 옆에 부모가 함께하라니 가능하겠냐는 의심의 눈빛을 건넸다. 하지만 먼저 경험을 해본 사람으로서 일단 한번 해보시길 강권했다. 단, 감시자의 자세가 아니라 동반자의 마음으로 함께해야 한다고 거듭 강조했다.

공부할 때면 어김없이 몸을 이리저리 비틀고, 내 지우개를 네가 왜 쓰냐며 옥신각신하는 아이들 옆에 앉으면서 시작되었다. 사실 공부하는 아이 옆에 있는 것이 유난인 것 같고, 가까이 있으면 잔소리만 더 하게 돼 공부하는 아이들 속에 들어가는 건 이치에 맞지 않는 일이라고 생각했다. 그 시간에 집안일을 하는 것이 더 이익이라 생각하며 말이다. 그러나 날이 갈수록 옥신각신하는 아이들의 소리는 더욱 커져가 특단의 조치가 필요해 보였다. 애들이 공부를 하지 말든가, 내가 집안일을 포기하고 옆에 앉아 조용히 시키며 공부하든가 말이다.

사실 아이들의 공부를 포기하는 것보다는 집안일을 포기하는 것이 더 쉬운 선택이었다. 집안일에 취미도 없을뿐더러 아이의 성장과 직결된 공부를 포기함으로써 발생되는 기회비용이 집안일 포기에서 오는 것보다 훨씬 더 치명적이란 계산이 섰기 때문이다. 어차피 집안일은 해봤자 티도 안 나고 알아봐주는 이도 없어서 아이들의 공부하는 모습을 보는 것이 더 보람찬 일이라 생각했다. 그런데 공부하는 모습을 보고 있자니 청소 후 깨끗해진 집을 보는 것이 더 보람된 일이라는 생각이 강하게 들었다. 공부하는 동안 몇 번이고 들썩거리는 엉덩이, 엉망인 글씨, 허리 부러질 듯 비스듬히 앉은 모습, 어느 하나 마음에 드는 것이 없었다.

몇 번 잔소리를 해봤지만, 그때뿐이었고 그럴수록 아이들은 내 눈치 보기 바빴지 공부에 집중하질 못했다. 근질거리는 입을 막을 길은 다른 곳을 보는 것뿐이었다. 책상에 놓인 아무 책이나 들고 읽기 시작했다. 10분, 20분이 지나자 아이들이 진정한다. 아무 말 하지 않고 책만 보고 있는 엄마의 집중을 따라 하듯 아이들이 각자 공부에 집중한다. '이거구나!' 집안일 미루고 함께한 보람이 있었다. 아니, 의무감으로 하던 집안일에 소홀해도 될 아주 멋진 이유를 찾았다.

며칠 뒤 그 학부모로부터 장문의 문자 메시지가 왔다. 공부하는 아이 곁에 함께 있어 봤더니 너무 좋았다며 좋은 충고 감사하다는 내용이었다. 아이에게도 따로 불러 물어보았다.

"요즘 부모님께서 옆에 같이 있어 주셨다며, 어땠어?"

아이는 그 어느 때보다 밝게 웃으며 대답했다.

"좋았어요!"

그 모습을 보며 나는 다시 한 번 확신했다. 부모가 옆에 있어 주는 것의 힘이 내 아이에게만 적용되는 것이 아님을.

언젠가 대학생 자녀를 둔 부모에게 이런 이야기를 들은 적이 있다.

"아이가 고3이라는 힘든 시기를 보내고 있을 때, 딱히 해줄 게 없어서 아이가 공부하고 있는 도서관으로 퇴근했어요. 아무 말 없이 아이 옆에 앉아 같이 책 읽으며 보냈던 시간이 가장 좋았어요."

그 부모의 아들은 서울에 있는 대학에 무난히 진학하였다.

결국 해내는 아이의 비밀

많은 부모들이 아이가 어릴 때 물심양면으로 열심히 챙기던 손길과 눈길을 약속이나 한 듯 일정 나이가 되면 뚝 끊어버린다. 주로 아이의 사춘기가 시작되는 10대가 되면서부터이다. 이제 혼자 할 수 있는 나이가 되었으니, 간섭을 최소화한다는 명분으로 거리를 둔다. 말 한마디 잘못 건네면 짜증내기 일쑤고, 툭하면 알아서 한다고 하니 더더욱 거리를 두게 된다. 그러나 앞에서 살펴보았듯이, 아이들의 짜증과 거리 두기에는 분명 이유가 있다. 그것을 잠재우는 방법은 아이를 향한 부모의 관심과 사랑을 거두어들이는 것이 아니라 잘 표현하는 것이다. 아이의 마음을 보듬어주는 부모의 손길은 나이와 상관없이 언제나 필요하다는 것을 잊지 말아야 한다.

지금 우리 아이들은 하루하루 처음이라 낯선 공부를 하며 보낸다. 그런 아이를 덩그러니 놓아두지 말자. 아이의 공부 태도를 지적하고, 힘겨워하는 모습에 함께 힘들어 하라는 것이 아니다. 고등학교 3학년이라는 힘든 시간을 보내고 있을 때 해줄 게 없어서 그냥 묵묵히 옆에 앉아 있어 준 부모처럼 조용히 아이 옆에서 마음만 전해주면 그걸로 충분하다. 그 마음을 읽고 아이는 힘을 내어, 또 앞으로 나간다. 낯설고 힘들며 외로운 공부와의 싸움에서 이겨보려고 아이는 또 해내고 만다.

CHAPTER
3

뭐든 해낼 아이로 키우는
최소한의 공부 대원칙

원칙1. 공부의 목적은
아이 자신이 찾게 하라

어느 퇴근길, 운동장에 삼삼오오 모여 있는 아이들을 만났다. 작년에 가르친 아이들이라 반갑게 다가가 인사를 나누었다.

"선생님, 안녕하세요!"

"어머! 아직 안 갔어? 잘 지내고 있지?"

"네!"

"시험 준비는 잘 되어가고? 중학교 첫 시험이라 떨리겠다."

"네…."

그중, 붉게 물든 눈시울을 하고 애써 밝은 척 답하는 아이가 눈에 들어온다.

"어? 라윤이 울었어?"

"아니요….".

"아니긴, 눈이 빨간데? 왜? 무슨 일이야?"

마지막 물음에 라윤이의 눈은 더욱더 빨갛게 되고 이내 고개를 숙이며 말했다.

"엄마가 무서워요."

이 한마디를 외치고 엉엉 소리 내어 울었다. 어리둥절한 나를 보고, 다른 아이가 살짝 귀띔해주었다.

"얘, 엄마 몰래 학원 쨌다가 걸렸대요."

공부의 중심에 아이가 서야 할 때

《본질 육아》로 유명한 존스홉킨스대학교 소아청소년정신학과 지나영 교수에 따르면 우리 인간은 스스로 환경을 통제할 수 있을 때 개인의 행동에 대한 책임감과 조절력이 생긴다고 한다. 그의 주장을 뒷받침하기 위해 수술 환자에게 사용하는 마약성 진통제 사용량에 관한 흥미로운 연구 결과를 가져왔다. 이 연구는 의료진이 진통제를 투여할 때와 환자 스스로 투여할 때의 진통제 사용량을 비교한 실험이었다.

실험 전 연구진들은 마약성 진통제의 중독성 때문에 개인의 자유가 허락되면 통제력을 잃어 더 많은 진통제를 사용하게 될 것으로 예측하였다. 그러나 실험 결과는 연구진들의 예측에서 완전히 엇나갔다. 오히려 의료진이 진통제 투여 시간을 통제할 때 환자들은 더 불안해하며 약을 요구하는 빈도가 잦아졌다. 스스로 통제가 가능했던 경우 본인이 필요할 때 언제든지 사용할 수 있다는 안정감으로 통증이 와도 쉽게 투여하지 않고 참을 수 있는 조절력이 생기면서 진통제 사용량이 줄어든 것이다. 진통제 투여에 자율성을 부여한 것이 환자에게 '진통제 투여'라는 행위에 주인의식을 심어주었고, 그 결과 적절한 조절력과 책임감을 만들었다.

공부하는 아이들도 마찬가지다. 공부에 주인의식을 가질 때 조절력과 책임감이 생긴다. 아무리 주변에서 공부해야 한다고 잔소리해봐야 공부에 대한 주인의식이 결여돼 있다면 아이는 조절력과 책임감이 없는 억지 공부를 하게 된다. 친구들과 놀거나, 휴대폰 세상에 빠질 때도 스스로 시간을 조절하며 끝낼 때를 알아야 한다. 계획된 시간보다 더 초과하여 놀았을 경우 그에 따르는 결과에 책임을 질줄 아는 마음도 필요하다.

퇴근길에 만난 라윤이 역시 공부에 주체가 되지 못한 보통의 아이였다. 중심이 없는 공부를 하고 있으니, 주변 분위기에 쉽게 휩쓸려 허락 없이 학원을 빠졌다가 들킨 바람에 무서워 우는 일이 발생했다. 더구나 시험을 앞둔 시기에 학원을 빠졌다는 것은 공부가 본인을 위한 행위임을 전혀 깨닫지 못한 섣부른 행동임에 틀림이 없다. 본인을 위한 공부라고 생각했다면 시험을 앞두고 친구들과 놀기 위해 학원을 땡땡이치진 않았을 테다.

공부 목적을 알게 하라

아이들이 가장 적극적으로 행동할 때는 언제일까? 바로 행동의 목적을 분명히 알고 스스로 계획하고 실천할 때이다. 체육대회나 축제를 위해 학급 프로그램을 구상할 때는 학교의 모든 아이들이 가장 열심히 참여한다. 이때는 교사가 개입할 일이 전혀 없다. 의견 충돌이 과해질 때 중재자의 역할만 필요할 뿐이다.

이처럼 아이들이 노는 행위를 할 때 더 신나고 눈이 반짝이는 것은 놀이의 목적이 뚜렷하고, 언제 어디서 누구와 놀지 계획하는 모든 과정에 아이의 의견이 오롯이 포함되기 때문이다. 물론 놀이가 공부보다 더 재미있는 활동임은 분명하다. 그러나 최상위권의 극소수 아이들은 재미있다고 여기는 공부를 그 외 많은 아이들이 재미없고 지루하다 느끼는 이유는 따로 있다. 공부하는 모든 과정에 아이가 주체적으로 참여하지 않았기 때문이다.

사람을 행동하게 하는 데 필요한 두 종류의 동기가 있다. 하나는 외부의 물질적인 보상이나 압박(돈, 칭찬, 처벌)에 따라 행동하게 하는 외재적 동기이고, 다른 하나는 과업 자체가 제공하는 본질적인 보상(재미, 흥미)으로 행동하게 되는 내재적 동기이다. 내재적 동기와 외재적 동기가 지닌 힘의 차이를 보여주는 유명한 서양 이야기가 있다.

한 한적한 마을에 퇴직을 한 노인이 이사를 왔다. 그 노인이 이사 온 며칠 뒤 동네 아이들이 집 앞 공터에서 시끄럽게 놀기 시작했다. 노인은 아이들을 혼내보기도 하고, 타일러보기도 했지만 놀이를 멈추지 않았다. 궁리 끝에 노인은 놀러온 아이들에게 매일 돈을 주기 시작했다. 노인은 점점 돈의 액수를 줄여갔고, 나중에는 돈을 아예 주지 않았다. 그러자 매일 놀러오던 아이들이 발길을 끊었다.

이 이야기는 물질적 보상이 행동의 본질을 얼마나 잘 퇴색시키는지를 보여준다. 만약 돈(외재적 동기)이 개입되지 않았다면 아이들은 그 놀이가 지닌 재미(내재적 동기) 자체가 좋아서 노인의 집 앞을 계속 찾았을 것이다.

'좋은 대학'이라는 외부적 요인으로 공부하는 아이들도 마찬가지다. 공부를 어느 정도로 열심히 해야 그 목표를 달성할 수 있을지 불확실한 상황 속에서 공부 자체가 지니는 의미를 깨닫지 못한 채 달려가다 보니 공부에 금방 흥미를 잃게 된다. 심지어 좋은 대학에 진학하지 못하는 경우를 실패자로 인식하는 현상이 벌어져 아이들은 점점 더 힘들 뿐이다.

공부의 본질을 알아야 한다. 공부 자체를 통해 아이가 얻을 수 있는 것이 무엇인지 아이가 분명히 알아야 한다. 공부를 잘했을 때 어떤 결과를 얻고, 공부를 못했을 때 어떤 어려움이 있을지 말이다. 그것을 알려주고 싶어서 많은 어른들은 이렇게 간단하게 말해버린다.

"공부를 잘해야 나중에 좋은 대학도 가고, 잘살 수 있어."

"좋은 대학 안 가면 되지…."

요즘 아이들의 반응이다. 긴 시간에 걸쳐 체득된 것을 저렇게 압축해서 말하니 아이들은 동의할 수가 없다. 그저 "공부! 공부!" 하는 어른들이 답답할 뿐이다.

이럴 땐 부모의 경험을 있는 그대로 공유하면 아이에게 전달하고 싶은 메시지를 이해시킬 수 있다.

"너희가 공부하기 싫은 모습을 보일 때마다 엄마가 어릴 때를 떠올려봤어. 그랬더니 엄마도 참 공부를 싫어했더라고. 그래서 중학생일 때 엄청 놀았어. 물론 고등학교에 가서 그 대가를 톡톡히 치렀지. 중학교 내내 놓친 부분을 따라잡고 고등학교에서 배운 내용도 따라가려니 당연히 잠을 많이 잘 수 없었어. 고등학교 3학년 때는 매일 4시간씩 자며 공부했어. 그렇게 힘겹게 대학에 붙었지. 그런데 얘들아. 엄마가 살아보니 중학교 때 신나게 놀았던 것이 후회되지, 열심히 공부한 시절이 절대 후회되진 않더라. 지식이 늘어나면서 내가 근사한 사람으로 변하는 느낌이 들어서 참 좋았거든. 무엇보다 그렇게 열심히 공부한 덕에 대학을 나오고 지금 이렇게 일도 하고 있으니 말이야."

나의 인생담을 진지하게 듣던 아이들의 눈빛이 아직도 생생하다. 한 번씩 투덜대는 둘째에게 "그래도 공부는 해야 해"라고 다독이는 첫째를 보니 알겠다. 역시 백 마디 잔소리보다 '부모의 인생을 공유하는 것'이 더 강력한 힘을 가진다는 것을. 아이가 나와 같은 실패를 겪게 하고 싶지 않다면 공부하라는 잔소리 대신 부모의 지나간 인생을 함께 공유해보자. 성공담이든 실패담이든 부모의 진솔한 경험담은 아이에게 큰 울림을 가져다줄 것이다. 그 과정에서 아이들은 스스로 공부할 이유를 찾게 될 것이다.

원칙 2. 하루도 쉬지 않아야
습관이 된다

중요한 시험을 앞두고 있을 때면 '가든이 머리 하루만 가지면 좋겠다', '가든이처럼 나도 공부 잘해봤으면 좋겠다'라고 말하는 아이들이 속출한다. 상위권 아이들이 가진 능력을 부러워하면서 그들이 매일 성실하게 공부하는 모습은 따라하지 않는다. 감나무 밑에 앉아 감이 떨어지기만 기다리고 있으면서 감이 안 떨어진다고 화내고 속상해한다.

수업 중 교실에 앉아 선생님 말씀을 들은 것은 주어진 정보를 배운 것學일뿐 그 지식이 아이의 내면으로 들어가는 배움習은 일어나지 못한 상태이다. 배운 내용學을 제대로 익히기習 위해서는 매일 공부하는 습관부터 길러야 한다.

손 안 대고 코를 풀 수 없다. 매일 공부하지 않으면서 공부 잘하길 바라는 건 어불성설이다. 일단 매일 해봐야 한다. 10분이든, 20분이든, 일단 매일 앉아서 그날 배운 것을 익히는 시간을 꼭 가지는 게 핵심이다.

여행 갈 때도 챙겨 가자

나는 공부가 아이의 삶이 되기 위해 여행을 할 때도 공부거리를 챙겼다. 공부는 매일 해야 하는 것이라는 인식이 제대로 자리 잡을 때까지 여행 중 공부를 이어 나갔다. 단, 아이들이 좋아하는 것들을 고르게 해서 여행 중 공부가 곤욕이 되지 않도록 나름 배려를 해주면서 말이다. 그게 배려가 맞느냐 반문할 수도 있다. 학교와 학원에 다니느라 바쁜 아이에게 잠깐의 휴식도 허락이 안 되냐며 가혹하다고 생각할 수도 있다. 하지만 아이들과 9년 이상 공부하면서 분명히 깨달았다. 이틀 이상 집을 비우는 일이 생길 때는 반드시 공부거리 하나쯤을 꼭 챙겨야 돌아온 뒤에도 공부 습관을 이어갈 수 있다는 것을.

이제 막 공부 습관을 들이기 시작했는데 할머니 댁에 가야 해서 빠지고, 모처럼 여행 가야 해서 빠지면 여행에서 돌아온 다음이 힘들어진다. 초등 저학년까지는 비교적 부모가 해야 한다고 말하는 것에 잘 따르는 편이다. 그러나 반대로 안 해도 되는 경우가 생기면 '공부를 꼭 매일 해야 하는 건 아니구나?' 하는 생각도 쉽게 자리 잡는다. 이 생각이 고학년까지 지속된다면 막무가내의 고집을 논리적으로 보이도록 포장해서 부모를 들볶는 일이 발생한다. "엄마, 여행 다녀와서 피곤한데 오늘만 쉬면 안 될까?" 하며 핑곗거리를 찾기도 할 것이고, "공부하기 싫다", "다시 여행 가고 싶다" 하며 하고 싶지 않은 마음을 역력히 드러내기도 한다.

억지로 시키면 아이는 반발심이 생기고 부모와 불꽃 튀는 전쟁이 불가피하다. "이제 신나게 놀았으니 공부하자!"는 얘기에 "네, 엄마" 하고 책상에 바로 앉을 마음이 쉽게 생길 리가 없다. 그러기에 여행 후 공부를 차질 없이 이어가기 위해서는 아이도 부모도 공백기만큼의 에너지를 쏟아야 한다.

"놀 땐 놀고 공부할 땐 공부하자"란 말은 어느 정도 공부력을 갖춘 아이들에게 적용된다. 아니 좀 더 기준을 엄하게 두자면 저 말은 성인들한테나 어울릴 법한 말이다. 너무 하단 생각이 드는가? 좋다, 진짜 조금 양보해서 "놀 땐 놀고 공부할 땐 공부하자"는 '놀놀공공'의 법칙이 성립할 수 있는 때는 고등학생 때부터다. 그 이하는 아니다. 공부 습관에 관해서는 물러날 수 없다. 그만큼 공부에 습관이 매우 중요하기 때문이다.

여행을 가서까지 공부하고 싶지 않은 아이가 분명히 있을 것이다. 여행 일정 상 공부할 시간이 전혀 안 생기는 경우도 있을 수 있다. 여기서 내가 강조하고 싶은 것은 공부가 아이의 삶에 자연스럽게 베이도록 하는 것이다. 마치 우리가 밥 먹고 나면 양치하고, 집에 오면 옷을 갈아입고, 자기 전에 씻는 것처럼 공부가 '해야 하는 일'이 아니라 당연히 '하는 일'로 인식되도록 만드는 것 말이다. 그 방법으로 나는 여행 가서도 공부하는 방법을 택했다. 아이와 부모에게 맞는 다른 방법이 있다면 얼마든지 사용해도 좋다. 그것이 아이의 습관 형성에 도움이 되는 것이어야 한다는 점만 잊지 않으면 된다.

습관은 쉽게 망가진다

습관을 만드는 일은 많은 시간과 노력이 필요하다. 아이 혼자 감당하기엔 벅찰 것이다. 부모도 함께 애써야 한다. 부모가 함께 애쓰고 이끌어줄 때 비로소, 요즘 열풍인 자기 주도적 공부 습관이 형성된다. 어떤 부모들은 자기 주도적으로 공부하는 것이 스스로 공부하는 것이라고 해서 그냥 놔두기도 한다. 걸음마 연습도 없이 어느 날 갑자기 두 발로 걷는 아이는 없다. 진정한 자기 주도적 학습이 되려면 부모가 함께 애쓰고 이끌어주는 시기가 반드시 필요하다.

아이들은 어린 존재라는 것을 잊으면 안 된다. 습관이 쉽게 생기기도 하지만 반대로 쉽게 망가지기도 한다. 공부할 이유를 스스로 찾아서 공부하는 아이는 없다. 그런 아이들이 시키지 않는데 혼자 알아서 척척 공부할 것이라고 기대하면 안 된다. 그런 헛된 기대는 아이를 힘들게 할 뿐이고 부모와 자식 관계에 해가 될 뿐이다. 부모가 알게 모르게 계속 신경 쓰고 이끌어줘야 한다. 티 나지 않게 아이에게 습관이 되도록 적어도 중학생 때까지는 노력을 해줘야 한다. 6학년까지 안 하던 아이가 중학생이 되었다고 하루아침에 달라질 리 없다.

"옆집 아이는 그렇게 혼자 알아서 잘 한다던데…."

그 옆집 아이 부모도 무던히 애를 쓴 결과이다. 가수 이적의 엄마이자, 세 아들을 서울대 보낸 걸로 유명한 박혜란 작가도 흘러가는 대로 아이들을 키웠다고 했지만, 부모의 애씀이 전혀 없었던 것은 아니다. 그는 셋째까지 어느 정도 키워놓은 후에 대학원에 진학했다. 나이 들어 하는 공부가 쉽지 않아 포기하고 싶었지만, 엄마가 책상에 앉아 열심히 공부하는 모습에 아이들이 하나둘 모여 같이 공부를 하더란다. 그런 아이들 모습에 대학원을 포기하지 않고 끝까지 마칠 수 있었다고 했다. 그게 바로 부모의 애씀이다. 아이들이 공부하는 모습을 보고 있으니 엄마 공부를 포기할 수 없는 그 마음이 바로 부모의 애씀인 것이다.

9년을 매일 같이 공부해온 우리 집 아이들도 이제야 알아서 공부하기 시작했다. 이렇게 되기까지 나도 무던히 애를 썼고, 지금도 공부하는 아이들 옆에 앉아 책을 읽으면서 애를 쓰고 있다. 덕분에 나에게도 독서라는 좋은 습관이 생겼다. 아이들에게 공부 잘하라고 매일 잔소리하는 대신 아이가 매일 공부할 수 있는 여건을 만들어주는 데 함께 힘쓰자. 아이가 공부하지 않는다고 한숨

쉬는 대신, 부모로서 내 아이가 매일 공부할 수 있도록 옆에서 진짜 애씀을 보여줬는지 되뇌어보자.

때로는 인생에
'빽도'도 필요하다

평소에 잠잠하던 아이들이 가장 동요되는 때는 시험 결과를 손에 쥐었을 때이다. 분명 열심히 했다고 말하는데 결과가 엉망이라 실망, 분노, 화, 좌절 등 온갖 감정을 동시에 표출한다.

"선생님, 제가 이번에 진짜 열심히 공부했거든요. 근데 점수가 이것밖에 안 나왔어요. 저 어떡해요."

"원진이, 진짜 공부 열심히 했어?"

"네! 저 새벽 4시까지 공부했어요."

"공부할 때 틀린 문제 꼼꼼히 분석하고 그 부분을 더 집중적으로 공부한 거야?"

"아… 아니요. 저 그냥 열심히 보기만 했어요."

"원진이 네가 모르는 것을 더 집중적으로 들고팠어야지!"

"저 그렇게 따지면 다시 초등학교 것부터 해야 해요."

뒤로 돌아갈 용기가 필요해

윷놀이에서 가장 인기 없는 것은 '빽도'다. '빽도'가 싫은 이유는 한 칸, 두 칸 애써 앞으로 나갔는데, 다시 온 길을 되돌아가야 하기 때문이다. 고작 한 칸 뒤로 가는 건데 남들보다 엄청나게 뒤처지는 것처럼 여기며 두려워하거나, 다른 사람의 '빽도'에 내가 엄청나게 앞서나간 것 같은 착각도 한다.

'빽도'만 난무한 인생은 허무하고, 힘들고 지치기 쉽다. 앞으로 나가는 재미가 있어야 더 치고 나갈 힘이 생기는 건 당연하다. 그러나 무작정 앞으로 나가는 인생만이 좋은 인생이라고 말할 순 없다. 뒤처지던 나의 말을 업고 동시에 치고 나갈 수도 있고, '빽도' 하나로 여러 말을 겹쳐놓아 승승장구하던 다른 사람의 진행을 가로막을 수도 있다.

"공부를 열심히 하는 것 같은데 성적이 안 나와요."

분명 수업 태도도 좋고 항상 열심히 정리하고 공부하는 것 같은데 성적은 기대에 못 미쳐 고민에 빠지게 하는 아이들이 생각보다 많다. 그 아이들을 가만히 살펴보니 공통된 특징이 있다. 모두 다 앞으로 나가는 데에만 몰두하고 있을 뿐 뒤로 돌아갈 생각을 하지 않는다는 것이다. 아니, 뒤로 돌아갈 용기가 없다고 하는 것이 더 정확하겠다. 지금 6학년인데 5학년 과정으로 다시 돌아가거나, 중학생인데 초등학교에서 배운 내용을 다시 점검하는 것을 부끄럽게 여긴다. 그런 아이들에게 늘 하는 말이 있다.

"모르는 건 부끄러운 게 아니야. 너희가 학생이기 때문에 모르는 것은 당연하고, 그런 이유로 선생님이 있는 거야. 모르는 것을 아는 척하고 그냥 지나가는 것이 진짜 부끄러운 일이야."

그런데도 많은 아이들은 용기 있게 말하지 못한다. 그냥 아는 척하며 지나가고 있다. 그것이 얼마나 어리석은 일인지 모른 채 계속 '척'만 하고 있다.

시험 결과를 손에 들고 억울함을 토로하던 원진이는 현재 자신의 점수를 차마 입 밖으로 내뱉지 못했다. 부끄럽다는 이유로 말이다. 당장은 현재 학년보다 이전 내용을 배우는 것이 부끄럽겠지만, '척'만하다 낮은 점수를 받는 것도 부끄러운 일이다. 그렇다면 어떤 부끄러움을 선택하는 것이 더 현명한 선택일지 곰곰이 따져봐야 한다. 앞으로 계속 부끄러운 점수를 손에 들 것인지, 잠시 민망하더라도 부족한 부분을 메꾸어서 훌쩍 올라간 점수를 당당히 내세울 것인지는 본인이 선택할 문제다.

실력이 줄줄 새는 구멍 찾기

아이의 부족한 부분을 찾아서 메우기로 결정하기까지 아이도 부모도 많은 용기가 필요하다. 안 그래도 남들보다 뒤처지기 싫은

데 대놓고 뒤로 돌아가자니 불안한 마음이 생기는 것은 어쩔 수 없다. 그러나 그 불안에도 거품이 있다. 중학교 진도를 나가고 있는 옆의 아이를 보면 '얼마나 머리가 좋으면 벌써 중학교 문제를 풀고 있는 거야?' 하는 생각이 든다. 그 아이가 모든 것을 완벽히 이해하고 있는지 아닌지도 모른 채 드는 생각이 바로 불안을 키우는 거품이다. 모든 불안에는 이런 거품이 있기 마련이다. 불안 거품에 속지 말자.

설령 옆자리 아이가 지금 좋은 성적을 받고 있더라도 그 아이의 미래는 아무도 모른다. 하지만 구멍을 메꾸지 않고 앞으로 나가기만 하는 아이의 미래는 정확히 알 수 있다. 속도에서 뒤처지는 것이 곧 성적에서도 뒤처지는 것이라는 착각을 하지 않길 바란다. 뒤돌아볼 시간이 없다며 앞으로만 쭉쭉 밀고 나가지 않길 바란다.

줄넘기, 그림 그리기, 악기 연주처럼 기술을 익히는 것은 연습 시간에 비례하여 실력이 늘어난다. 줄넘기 100개씩 하는 다른 집 아이보다 우리 아이를 더 잘하게 만들고 싶으면 하루에 200개씩 시키면 된다. 그러나 공부는 양의 문제가 아니다. 5시간 공부하는 아이를 이겨보겠다고 7시간 공부해봐야 자신의 부족한 부분을 채우지 않으면 의미가 없다. 괜히 힘만 빼는 꼴이 될 뿐이다.

진짜 앞으로 치고 나갈 힘을 키우고 싶다면 구멍 메우기부터 시작하자. 아이가 부족한 부분을 열심히 들고파는 것이 가장 중요하다. 어렵고 힘든 부분이 더 많이 생기기 전에 빨리 파악해서 미리 막아야 한다. 구멍을 최소화해야 아이들은 계속 공부할 힘을 갖추게 된다. 그러기 위해서는 기초를 잘 쌓는 것이 무엇보다 중요하다. 약수와 배수를 잘 구하려면 사칙 연산을 튼튼히 쌓아야 하고, 영어 문장을 잘 이해하려면 단어 공부를 게을리 해선 안 된다.

공부의 구멍을 메우는 결정적 시기

그럼 사칙 연산과 영어 단어부터 시작하면 될까? 아니다. 그것보다 하나 더 쉬운 단계부터 시작하는 것이 좋다. 공부 때문에 여러 번 패배감을 맛본 아이일수록 더욱더 쉬운 것부터 시작해야 한다. 이를 통해 '어? 나도 할 수 있네?' 하는 마음이 들도록 해야 한다. 공부에 자신감이 생길 수 있도록 아주 쉬운 것부터 시작해서 공부 습관도 동시에 길러주는 것이 무엇보다 중요하다.

초등학교 고학년이라고 해서 늦은 것이 아니다. 아니 고등학교 1학년이라고 해도 늦지 않았다. 머리가 영글어진 후 시작하면 그만큼 더 빠른 속도로 치고 올라갈 수 있다. 제대로 된 구멍 메우기만 한다면 공부는 언제 시작해도 늦은 때란 없다. 그러나 그 구멍 메우기가 늦으면 늦을수록 견뎌내야 할 고통의 크기도 따라 커진다는 것은 반드시 기억해야 한다.

학교와 학원을 잘 다니고 있다는 사실에 안주해선 안 된다. 학교와 학원에서 공부한 것을 얼마나 아이 자신의 것으로 잘 소화하고 있는지 확인하는 것이 가장 중요하다. 학원을 열심히 다니고 있음에도 성적이 좋지 않으면 학원을 잠시 쉬어야 한다. 그때가 바로 구멍 메우기를 실시해야 하는 적기이기 때문이다. 정말 쉬운 문제집부터 다시 시작해서 무너진 자존감을 올리자. 자존감이 올라가면 공부에 자신감이 생기면서 흥미도 따라 올라간다. 그것이 공부력을 키우는 비법이다.

만약 아이가 절대 뒤로 돌아갈 수 없다 한다면 부모가 적극적으로 나서야 한다. 성과 없이 다니는 학원은 돈 낭비에 불과하다. 효과 없는 '1:다수'의 교육 형태가 아닌 '1:1' 밀착 케어가 가능한 교육을 받게 하여 꼭 아이의 구멍을 메꿔줘야 한다. 과외 교사를 구할 수도, 부모가 할 수도 있다. 많은 부모들이 직접 아이 공부 봐주는 것을 두려워하는데, 이 책을 읽고 나면 어느 정도 자신감이 생길 거라 믿는다.

PART 2 | 아이의 내공을 키우는
초등 공부력
상담소입니다

절대 포기하지 말라.
당신이 되고 싶은 무언가가 있다면,
그에 대해 자부심을 가져라.
당신 자신에게 기회를 주어라.
스스로가 형편없다고 생각하지 말라.
그래봐야 아무 것도 얻을 것이 없다.
목표를 높이 세워라.
인생은 그렇게 살아야 한다.

마이크 맥라렌|MIKE MACLAREN

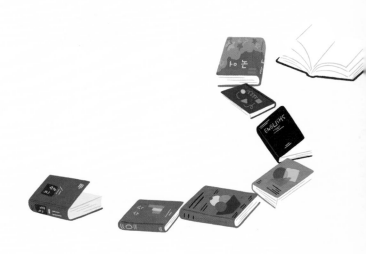

CHAPTER
1

초등고 로드맵,
제대로 알면 길이 보인다

국영수 시작 전에
반드시 알아야 할 것들

국어: 억지 독서 대신 이것을 읽히는 게 낫다

"우와! 이 책 제목 봐! 세상에 너무 재미있을 것 같지 않니?"

"이 책 제목은 엄청 자극적이네. 이렇게 살벌한 제목이지만 읽고 나면 감동하는 거 아닐까?"

"이 책 재미있대. 엄마 학교에 어떤 언니가 강추하더라. 읽어볼까?"

정신 차려보니 멋쩍은 나만 덩그러니 남아 있다. 이제 다했냐는 표정으로 나를 바라보는 아이들이 눈에 들어온다.

"엄마, 나 저기 제베원(제로 베이스 원) 앨범 보고 올게."

"엄마, 나 저기서 예쁜 공책 봤는데 사도 돼?"

아까와는 달리 생기 있는 눈빛으로 나의 대답을 기다리는 아이들이다. 하는 수 없이 그러라고 허락하고는 허무한 마음 가득 실어 터덜터덜 뒤따라간다. 아무도 듣지 않을 말과 미련만 뚝뚝 남기면서.

"얘들아, 이 책도 재미있다던데…"

독서의 필요성을 모르는 부모는 없다. 문제는 10대 아이들에게 이제 와 책 읽히는 일이 결코 쉽지 않다는 것이다. 독서가 중요한 이유는 학년이 올라갈수록 고도의 사고력이 요구되는 지문이 늘어나기 때문이다. 글에 드러난 맥락만 파악하면 그만이던 초등학교와는 달리 글에 드러나지 않은 사회·문화적 맥락은 물론 작가의 숨겨진 의도까지 파악해야 하는 것이 중·고등학교에서 다루는 국어 지문이다. 그렇다고 해서 진짜 독서만이 답일까?

"우리 아들 이번에 고대(고려대학교)갔지만 어릴 때 책 안 읽어서 걱정 많았어요."

"서울대 나온 우리 언니 책 읽는 모습 본 적 없어."

실제로 우리 주변에는 독서를 하지 않고도 좋은 성과를 거둔 사례가 심심치 않게 있다. 책과 가까워지도록 도서관에서 놀려도 보고, 책 읽는 모습을 보여줘도 아무리 안 되는 아이는 안 된다. 반면에 독서가 부족해도 되는 아이는 결국 해낸다. 내 아이를 그렇게 만들면 된다.

독서는 책을 읽고 이해하는 과정을 일컫는다. '책'의 범주에 문제집과 교과서를 포함시키면 어떨까? 반드시 유명한 서적을 읽는 것만을 독서라고 칭할 필요는 없지 않은가. 글을 읽고 이해하며, 식견을 넓히는 것이 독서라면 국어 문학 문제집에 실린 소설의 일부, 혹은 시를 읽고도 문학적 감성을 키울 수 있다. 비문학 문제집에 실린 사회나 과학 관련 정보글을 읽으며 특정 분야의 지식을 쌓을 수도 있다.

무엇을 읽느냐가 아니라, 어떻게 읽느냐가 더 중요하다. 특히 성적을 올리기 위해서라면 책을 얼마나 많이 읽느냐보다, 어떻게 읽느냐가 더 중요하다. 《공부머리 독서법》의 최승필 저자도 성적을 위한 막연한 독서는 지양하라고 하였다. 제대로 된 독서가 성적 향상에 도움을 줄 수는 있으나 성적 향상을 위한 독서는 바람직하지 않은 것이다. 오히려 제대로 읽고 이해하는 방향은 문제집에 더 잘 설명되어 있다. 문제집만 꼼꼼히 읽으면서 풀어도 독해력과 문해력은 올라간다. 독서가 성적 향상에 결정적 역할을 한다면 독서광은 반드시 전교 1등을 놓치지 않아야 한다. 그러나 현실은 그렇지 않다. 책 한 권 읽지 않아도 전교권에 들어가는 학생이 진짜 존재한다. 그러므로 바쁜 고학년으로 갈수록 책이 싫다는 아이를 억지로 독서시킬 필요는 없다. 교과서와 문제집으로 어떻게 성적을 올릴 수 있을지는 국어 공부법에서 소개하겠다.

영어: 중간에 질리면 말짱 도루묵

학년 초, 첫 영어 시간이면 영어에 대한 흥미, 자신만의 공부 방법 등 새롭게 만난 아이들의 영어에 대한 일반적 감정을 알아보기 위해 간단한 설문조사를 실시해본다. 그중 "영어 유치원을 포함하여 영어를 일찍 배운 것이 도움이 되느냐"는 질문에 놀랍게도 과반수의 학생이 도움이 안 되었다고 답한다. 그렇게 생각하는 이유로 "지금은 기억이 안 난다" 혹은 "너무 어릴 때부터 해서 질려버렸다"는 대답이 가장 대표적이다. 많은 부모들이 영어에 대한 거부감을 덜어주려고 일찍 시작한 것이 오히려 화근이 되었다.

영어는 한 번 시작하면 꾸준히 해야 하는 외국어이다. 외국 생활을 오래 하면 한국어를 잊는 것처럼 영어도 언어라서 꾸준히 사용하지 않으면 금세 까먹는다. 꾸준히 하려면 우선 아이가 받아들일 준비가 되어 있어야 한다. 아무리 좋은 책이나 영상이라도 아이가 받아들일 준비가 안 되어 있다면 쓸모없는 쓰레기와 다를 바 없다.

어느 날이었다. 둘째를 낳고 쉬다 보니 괜히 영어가 하고 싶어 사과 그림 옷을 입고 마침 사과를 맛있게 먹고 있던 5살 첫째에게 한마디 건네었다.

"Wow, look at you. (사과를 가리키며) You are eating an apple. (배를 가리키며) You have an apple."

"응? 뭐라고 엄마?"

"(사과를 가리키며) This is an apple. (배를 가리키며) The apple is on your tummy here. They are…."

"싫어!!!!! 하지마!!!!!! 우리말 해!!!!!"

'… the same'은 꺼내보지도 못하고 단칼에 거부당했다. 아이의 성향을 고려하지 않은 섣부른 접근이 아이의 거부감만 더 키워버렸다. 남들은 엄마표 영어다, 영어 유치원이다 해서 일찍부터 잘 시작하는 것 같은데 나는 실패했다. 명색이 영어 교사인 내가 말이다. 남들처럼 부지런하지도 못하고, 어린 아이의 성향을 잘 파악하지도 못해서 보기 좋게 실패했다.

첫째는 낯선 환경에 적응하기 위해 남들보다 많은 시간이 필요한 아이였다. 적극적인 참여보다는 관찰자의 입장으로 상황을 충분히 지켜본 뒤 참여하는 한마디로 예민한 아이다. 그런 아이에게 영어는 매우 낯선 언어이다. 세상에서 가장 편안하고 친숙한 엄마가 세상에서 제일 낯선 영어를 사용하는 것이 죽기보다 싫었을 것이다. 어린이집에서 영어 수업은 들을지언정 집에서의 영어 사용은 쉽게 허락하지 않았다. 6년간의 외국 생활을 하고 돌아온 지금까지도 첫째는 영어를 썩 좋아하지 않는다. 예민한 성격의 어린 아이가 매일매일 영어를 사용하는 낯선 곳에서 혼자 힘으로 적응해야 했으니, 영어에 좋은 인상을 가질 수 없었을 테다. 게다가 첫째는 답이 애매모호한 국어보다 답이 딱 떨어지는 수학, 과학을 더 좋아하는 아이다. 미래의 꿈도 과학자이니 이런 아이가 모국어도 아닌 외국어를 좋아할 리 없지 않을까.

　영어 공부의 가장 큰 독은 조바심이다. 일찍 시작하지 않아도 괜찮다. 아이가 관심을 보일 때가 영어를 시작할 적기다. 초등학교 3학년까지 관심이 없어도 괜찮다. 학교에서 주변 친구들이 영어 단어 읽는 것을 보면 스스로 느낀다. '아! 이젠 영어를 해야 할 때구나.' 다섯 살 때 apple을 말한 아이나, 아홉 살 때 apple을 처음 알게 된 아이나 중학교에 오면 똑같다. 다섯 살 때 apple을 말했어도 영어에 질려버려, 아홉 살 때 apple을 처음 알게 된 아이보다 더 못한 경우도 봤다. 좋은 성적은 결국 꾸준함에 달렸다. 영어를 언제 시작했느냐가 아니라, 꾸준하게 할 준비가 되었을 때 시작하면 그걸로 충분하다. 질려서 중간에 그만두면 말짱 도루묵이다.

수학: 선행보다 중요한 개념 벽돌 쌓기

"우와! 정수 벌써 고등학교 문제 풀어?"

"네, 모르는데 막 풀고 있어요."

"어? 그럼 안 되지."

"학원 숙제라서, 그냥 막 풀어요. 나중에 알게 되겠죠."

언제부턴가 수학의 진짜 실력을 따져보기 전에 누구 진도가 더 빨리 앞서 있느냐로 수학 실력을 평가하기 시작했다. 초등학교 5학년이 중학교 문제집을 풀고 있으면 "우와! 너 수학 잘하는구나!" 하는 소리를 듣게 되고, 5학년이 5학년 문제집을 풀고 있으면 그저 그런 아이가 된다. 정작 단원 평가를 보면 5학년 문제집 풀던 아이가 더 높은 점수를 받지만, 중학교 문제를 풀던 아이는 생각한다.

'그래도 나는 중학교 문제를 풀 수 있어!'

문제는 중학교 진학 후 터진다. 초등학교에서부터 풀던 중학교 수학이었는데 점수가 70~80점에 머문다. 조금만 마음을 해이하게 먹으면 50~60점대로 떨어지는 것은 일도 아니다.

수학은 서로 다른 개념들이 매우 유기적으로 연결되어 있다. 마치 호박 넝쿨 같다. 덧셈 개념에서 곱셈이 나오고, 나눗셈의 개념에서 분수의 개념이 나온다. "지금 좀 몰라도 문제만 열심히 풀다 보면 나중에 알게 되겠지"가 통하지 않는 것이 바로 수학이다. 지금 좀 모르면 나중에 더 많이 모르게 될 뿐이다. 무작정 문제만 풀면 반드시 알고 지나가야 할 개념을 놓치게 된다. 하나의 개념을 놓치면 하나의 문제만 놓치는 것이 아니라 수십 개의 문제를 잃는 결과를 낳는다.

시간과 단위 개념을 예로 살펴보자. 시간 개념을 알기 위해 초등학교 2학년 때 시계 읽는 법부터 배운다. 3학년 때 시간 개념으로 확장되고, 6학년 때는 시간과 거리의 관계를 비교한 속도 개념까지 확장된다. 3학년 때 시간과 단위(m, km)를 잘 배워둬야 6학년이 되어 시간과 거리의 관계를 따져 정확한 속도 비교를 할 수 있고, 6학년 때 속도를 제대로 이해해야 중학교 2학년 때 시간, 속도, 거리를 묻는 문제를 자유자재로 다룰 수 있다.

시간과 단위 부분을 어렵게 넘겼던 둘째가 4학년이 되어 수학을 공부하던 어느 날 사뭇 진지하게 말했다.

"엄마, 왜 공부를 열심히 해야 하는지 알겠어."

"(엄마 너무 뿌듯함) 왜?"

"초3 때 배웠던 시계가 또 나오던데? 시계 잘 그려야 각도를 구할 수 있어."

시간 개념에만 연관될 것이라 생각하기 쉬운 시계가 각도 문제까지 영향을 미치니 기본 개념에 충실해야 하는 이유가 더욱 분명해진다. 하나의 개념에서 다른 개념으로 뻗어가는 것도 모자라, 다양한 영역의 문제로 뻗어나가는 것을 보니 수학은 호박 넝쿨이 맞다. 호박이 넝쿨째 들어오게 하려면 수학 집을 튼튼하게 잘 지어야 한다. 기초 개념들로 밑에서부터 차곡차곡 꼼꼼히 쌓아 올리듯 공부해야 한다. 초등학교 1학년부터 배우는 모든 개념들이 빠짐없이 채워졌을 때 고등학교 3학년까지의 수학이 무너지지 않는다. 결코 무작정 문제만 푼다고 실력이 쌓이지 않는다. 천천히 빠짐없이 개념 벽돌을 쌓는 것이 무엇보다 중요하다. 쉽게 해결되지 않는 문제는 스스로 해결할 수 있을 때까지 끝까지 부여잡고 고민하는 연습이 우선되어야 한다. 천천히 그리고 꼼꼼히 공부하는 것이 바로 수학의 정석이다.

정답과 오답,
질문으로 다시 체크하라

우리 아이들은 정해진 답을 위한 공부를 하고 있지만 그 정해
진 답을 가장 정확하고 오래 기억하는 사람이 이기는 게임을 하는
중이다. 게임할 때 아이들은 생각한다.

'어떻게 하면 저 사람을 이기지?'

'어떻게 하면 다음 레벨로 빨리 올라갈 수 있을까?'

'어떻게 해야 나의 파워를 더 증폭시킬 수 있는 거지?'

이기고 싶어 안달 난 아이들은 끊임없이 물음표를 던진다. 물
음표에 자극받은 아이들은 생각한다. 이길 수 있는 방법을 어느
때보다 치열하고 진지하게 생각한다. 이렇듯 자신의 부족한 점을
알 때 궁금증이 생기고, 궁금증을 해결하기 위해 던지는 것이 물

음표이다. 물음표는 우리를 생각하게 하고, 한 단계 발전된 앞날로 이끌어준다.

"정말 태양이 우리 주위를 돌고 있는 걸까?" 하는 코페르니쿠스의 질문으로 '태양을 중심으로 지구가 돌고 있다'는 지동설이 생겼고, "아빠, 왜 사진은 찍으면 바로 볼 수 없는 거예요?"라는 세 살배기 딸의 물음에 폴라로이드 사진기가 생겼다. 질문으로 일궈낸 세계적인 발전이다. 질문으로 우리 아이들의 발전도 이끌어봐야 하지 않을까?

엉뚱하더라도 질문과 대답이 난무한 공부

학교에서 배우는 모든 과목에는 정답이 있다. 한글 창조자는 세종대왕이고, 3.1운동은 1919년에 있었던 독립운동이며, 동물과 식물의 차이는 양분을 스스로 만들어낼 수 있느냐, 없느냐에 달렸다는 것을 배우는 것이 곧 학교 공부다. 정답이 정해진 내용을 배우고 있으니 아이들은 그저 정답만 수동적으로 기억하면 되는 걸까? 오히려 정해진 정답을 배우는 지루한 과정에 좀 더 활동적이고 적극적으로 생각하는 공부로 재미를 더할 순 없을까?

2013년 〈EBS 다큐프라임〉이라는 방송에서 16명의 대학생을 대상으로 재미있는 실험을 했다. 16명의 대학생이 두 그룹으로 나뉘어 서양사의 한 부분을 공부하였다. 한 그룹은 매우 전통적인 공부 방식대로 독서실에 개별로 앉아 조용히 공부하는 '조용한 공부방'으로 분류되었고, 다른 한 그룹은 모르는 것을 서로 묻고 설명하는 '말하는 공부방'으로 분류되었다. 3시간 뒤 두 그룹은 동일한 시험지로 공부 내용을 점검받았고, 그 결과는 놀라웠다. 독서실에서 조용히 공부하는 것보다 서로 묻고 답하는 공부법이 훨씬 더 좋은 성과를 가져다준 것이다. 그동안 조용히 공부하는 것이 진짜 공부라고 믿었던 공부법의 배신이다. 심리학자는 묻고 답하는 공부를 하는 동안 메타인지가 작동하게 되어 공부 성과가 좋은 것은 당연한 것이라고 말한다.

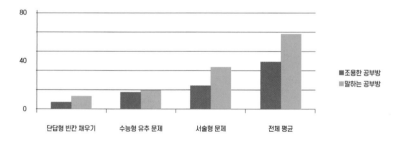

NTL^{National Training Laboratoies}에서 제공한 학습 효율성 피라미드를 보자. 이 피라미드는 공부한 다음 24시간 뒤에 머릿속에 남아 있는 내용의 비율을 나타낸 것이다. 앉아서 듣고 읽었을 때는 학습한 내용의 5~10퍼센트만을 기억하지만, 말하는 공부는 90

퍼센트가 넘는다.

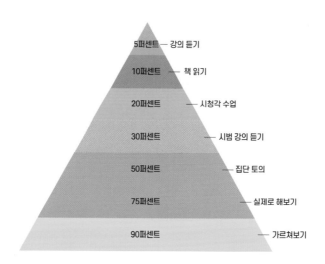

학습 효율성 피라미드

5퍼센트 — 강의 듣기

10퍼센트 — 책 읽기

20퍼센트 — 시청각 수업

30퍼센트 — 시범 강의 듣기

50퍼센트 — 집단 토의

75퍼센트 — 실제로 해보기

90퍼센트 — 가르쳐보기

집에서 공부할 때 질문이 있는 공부를 해보자. 틀린 문제를 다시 풀어본 뒤, 정답을 찾게 된 방법을 물어보고, 아이가 처음에 잘못 생각한 이유를 물어보자. 내가 요즘 자주 사용하는 방법은 '모른척 연기하기'이다. 생각보다 쉽다. 영어 외에는 모든 걸 잊어버린 초등학교와 중학교 내용이라 어느 때는 '모른 척'이 아니라, '진짜 몰라'서 자꾸 묻기도 한다. 부끄럽지만 최근에 있었던 일이다.

"왜 둔각에 180도보다 작은 각이라는 조건이 붙어? 90도보다 크면 그냥 다 둔각 아니야? 엄마는 그렇게 기억하는데, 언제 둔각에 180도보다 작은 각이라는 조건이 붙었대?"

"엄마 180도 넘는 각은 잴 수 없어."

"어? 그래도 200도라는 각이 있는데 그건 왜 둔각이 아닌 거야?"

"봐봐, 만약에 200도라고 하면 이렇게 되잖아. 그럼 반대편에 더 작은 각(160도)이 생기잖아. 여기를 재서 160도인 걸 알 수 있고 이게 둔각이니 200도는 생각하지 않아도 되는 거지."

"아하!! 올~~~ 천잰데??? 근데 200도라고 말하고, 300도라고도 말하잖아. 그 각은 뭐야 그럼?"

"그렇긴 한데…. 굳이 예각, 둔각 말하는데 180도보다 더 큰 각까지 생각해야 해?"

초등학교 4학년 내용을 공부하다가 나의 생각이 확장되어버렸다. 아직 초등학교 3학년인 둘째도 답을 몰라 같이 고개를 끄덕이며 첫째의 설명을 열심히 들었다. 비록 예각, 둔각, 직각보다 더 넓은 범위의 열각, 둔각이 존재한다는 것●은 몰랐던 첫째였지만 이제 나에게도 스승의 역할을 해주는 첫째를 보자 질문을 통한 공부, 참 잘했구나 싶은 순간이었다.

● 180도보다 더 큰 각에도 '우각'이라는 이름이 있다는 것을 검색을 통해 알게 되었다. 각의 종류에는 180도보다 작은 열각이 있고, 180도보다 큰 우각이 있다. 우리가 흔히 말하는 예각, 직각, 둔각은 열각의 종류이다.

아이들에게 질문을 하자. 평상시에 하는 아이들의 질문도 막지 말자. 질문을 주고받으며 생각할 기회를 많이 제공하자. "더 편하게 밥 먹을 수 있는 방법은 없나요?"라고 물어본다면 답을 찾아주려 애쓰지 말고 역으로 아이에게 물어보자.

"채원이는 어떻게 먹고 싶은데?"

이 질문에 아이가 대답을 한다면 그 대답에 맞게 대화를 이어 나가면 되고, 아이도 답을 못 찾는다면 "채원이가 밥 먹을 때 가장 불편한 게 뭘까?" 하고 아이의 생각을 자극하면 된다.

모든 질문에 어른이 반드시 답을 해줄 필요도 없으니, 아이들의 질문을 부담스러워 하지 말자. 아이와 주고받는 질문과 대답 속에서 아이는 공부에 꼭 필요한 사고력을 아름답게 싹 틔우는 중이다.

글쓰기는
국영수의 핵심이다

'재미있었다, 어려웠다, 쉬웠다.'

매 수업 후 아이들이 '배움노트'란 곳에 남긴 느낀 점이다. 간혹 애교 많고 감정 표현이 풍부한 아이들은 '선생님 사랑해요♡'를 큼지막하게 써놓고 나의 확인을 기다리기도 한다. 깜찍한 사랑 고백에 웃음을 지어 보이지만 한편으론 씁쓸하다. 45분간 배운 것을 아이만의 언어로 정리하면서 기억해보라고 시작한 배움노트였다. 졸업생들의 모범 사례를 알려주면서 말이다. 비슷하게 따라 하는 아이들은 한 반에 많아 봐야 두세 명이다. 곰곰이 생각하려 들지 않는다.

요즘 아이들의 채팅창에는 장문이 거의 없다.

'ㅇㅇ(응)'

'편의점 가심?(편의점 같이 갈래?)'

'ㅇㅈ(인정, 네 말이 맞아.)'

이런 식의 단답문 대화가 대부분이다. 과연 저 안에 아이들의 생각이 얼마나 들어가 있을지 의문이다. 생각을 거부해서 쓰기가 안 되는 건지, 쓰는 것이 어색하여 생각이 굳어버리는 건지 확신이 안 선다. 어릴 때 억지로라도 일기를 써보지만 보여주기식 쓰기로 자신의 생각과 느낀 점을 자유롭게 글로 표현할 기회를 맘껏 누리진 못했다.

우리 아이들 글쓰기 실력의 현주소

쓰기 수행 평가 준비 기간은 학생도 교사도 늘 괴롭다.

"여름 방학 때 있었던 일을 과거 시제에 맞게 글로 써봅시다."

이 말에 대뜸 한다는 말이 "선생님, 제가 여름 방학 때 뭐했을까요?"이다. 아이도 나도 참 난감하다. 한 명이 "난 제주도 갔다 온 거 쓸 거야" 했더니 갑자기 제주도 다녀온 아이들이 속출한다.

"아, 맞네. 나도 제주도 갔었네."

"너 진짜 간 거 맞아? 나 따라 하는 거 아냐? 따라 하지 마라!!!"

이번 여름 방학 때 간 것이 확실한 건지 서로가 서로를 의심하는 모양이 우습기도 하고 슬프기도 하다. 끝끝내 쓸거리를 생각해내지 못한 아이들은 예시를 보며 그 형식에 맞도록 자신의 경험을 끼워 맞춰버리고 만다.

영어로 쓴 글은 더욱 참담하다.

"I went to Jeju Island with my family. I played in the sea and ate meat and played on my phone. (나는 가족과 함께 제주도에 갔다. 바다에서 놀고, 고기를 먹고, 핸드폰하며 놀았다.)"

몸은 중학생이지만, 글은 초등학교 저학년 수준에 머물러 있다. 우리말로 먼저 쓰고, 영어로 옮겨 쓰도록 해도 크게 달라지지 않는다. 여행지에서 가장 인상 깊었던 일 하나만 골라서 자세히 쓰면 된다고 일러줘도 초등학교 저학년 때 일기 쓰던 습관으로 글을 완성해버리고 만다. 국어 선생님도 같은 고민을 하고, 사회, 과학, 역사 선생님도 같은 고민을 한다. 아이들의 쓰기 실력은 모든 교사의 고민거리이다.

'요약-연습-정리' 공부법

초등학교 저학년부터 꾸준하게 일기 쓰기를 연습했지만 쓰기 실력이 키워지지 않은 이유는 단 하나다. 일기가 과제가 되어버렸기 때문이다. 생각과 느낌을 자유롭게 표현하기엔 선생님이라는 존재가 너무 커서 결국 이렇게 써버리고 만다.

'아침에 일어나 아침밥을 먹었다. 동생이랑 놀다가 점심밥을 먹었다. 점심밥을 먹고 TV를 보다가 공부를 했다. 공부를 마치고

또다시 동생이랑 퍼즐하며 놀았다. 저녁밥을 먹고 씻고 잘 준비를 했다. 오늘 하루도 참 재미있었다.'

시대를 막론하고 거의 모든 일기가 '재미있었다'로 끝난다. 특히 이 '재미있었다'에는 아이의 진짜 느낌과 생각이 포함되지 않았을 확률이 99.9999999퍼센트이다. 어쩌면 '정말 재미없었다', '동생이랑 놀기 싫어 죽는 줄 알았다'라고 쓰고 싶었을지도 모를 일이다. 하지만 거의 모든 일기는 '재미있었다' 혹은 '보람된 하루였다'로 끝난다. 마치 '오래오래 행복하게 살았답니다'로 끝나는 동화처럼 말이다. 이런 식의 쓰기에만 익숙한 아이들을 생각하는 글쓰기로 유도할 장치가 필요하다.

심리학 교수 조던 피터슨은 대학에서 매우 형편없는 에세이가 많은 것을 탄식하며 다음과 같이 말했다.

"생각하는 법을 배우기 위해서 글쓰기를 배워야 합니다. 생각을 제대로 하는 것은 더 효과적으로 행동할 수 있도록 해줍니다. 제대로 생각할 수 있고, 말할 수 있고, 글 쓸 수 있다면 여러분의 앞길을 막는 건 아무것도 없습니다. 여러분의 주장을 일목요연하게 잘 정리하여 발표하고, 사람들에게 제안한다면 여러분은 그것으로 돈을 벌고, 기회를 얻고, 영향력도 가지게 될 거예요."

우리 아이들도 언젠간 사회로 나갈 것이다. 사회에서 인정받고 성공하려면 쓰는 것에 익숙해지도록 해야 한다. 더 이상 중학생의 글에서 초등학교 1학년의 향기가 나도록 그냥 뒤선 안 된다. 연필

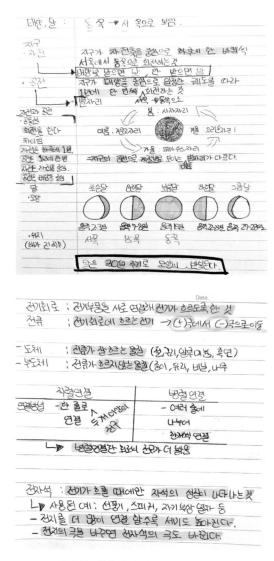

태양, 달 : 동 쪽 → 서 쪽으로 보임.

지구
· 자전
지구가 자전축을 중심으로 하루에 한 바퀴씩
서쪽에서 동쪽으로 회전하는것
태양빛 받으면 낮 , 안 받으면 밤

· 공전
지구가 태양을 중심으로 일정한 궤도를 따라
1년에 한 번씩 회전하는 것
별자리   서쪽 →동쪽으로

자전과 공전
· 공통점
회전을 한다
· 차이점
자전은 하루에 1번,
공전은 1년에 한번
자전 자전축 중심.
공전은 태양 중심

봄 : 사자자리

여름 : 거문고자리   겨울 오리온자리 !

가을 : 페가수스자리
=지구의 공전으로 계절별로 보이는 별자리가 다르다.

달
· 달

초승달	상현달	보름달	하현달	그믐달
음력 2,3일	음력 7~8일	음력 1일	음력 22,23일	음력 27~28일

· 위치
(해가 진 직후)   서쪽   남쪽   동쪽

달은 30일 주기로 모양이 변한다.

전기회로 : 전기부품을 서로 연결해 전기가 흐르도록 한 것
전류 : 전기회로에 흐르는 전기 → (+)극에서 (-)극으로 이동

- 도체 : 전류가 잘 흐르는 물질 (철,구리,알루미늄, 흑연)
- 부도체 : 전류가 흐르지않는 물질 (종이, 유리, 비닐, 나무)

직렬연결	병렬 연결
연결방법 -한 줄로 연결 ↑ 늦게 연결 전구	- 여러 줄에 나누어 전구씩 연결

▷ 병렬연결한 회로의 전구가 더 밝음

전자석 : 전기가 흐를 때에만 자석의 성질이 나타나는 것
└ 사용된 예 : 선풍기 , 스피커, 자기 부상 열차 등
 - 전지를 더 많이 연결 할수록 세기도 높아진다.
 - 전지의 극을 바꾸면 전자석의 극도 바뀐다.

▲ 생각하는 힘을 길러주는 쓰기의 놀라운 효과

128

과 종이를 쥐어준 채 "써봐!" 하면 절대 못쓴다. 쓸 만한 거리를 줘야 한다. 보여주기식의 쓰기가 아니라 자연스럽게 쓸 환경 말이다.

쓸 환경을 위해 새롭게 시간을 빼는 것은 부모도 아이도 부담스러운 일이다. 제대로 쓰기 실력을 키우려면 아이가 쓴 글에 대한 정확한 분석과 피드백이 필요하여 결국엔 글쓰기 학원을 찾게 될 테니 말이다. 현 교육 과정과 입시 체계에서 초등학교에서부터 완벽한 글쓰기를 목표로 할 필요는 없다. 단 한 문장이라도 본인이 생각하여 쓰는 것만으로도 충분하다. 뒤에서 설명하겠지만 국어는 키워드 찾고 요약하기, 수학은 연습장 쓰기, 영어는 공부한 내용으로 문장 쓰기 정도가 대표적인 장치들이다. 국어에서 요약하며 글의 구성을 익히고, 수학에서는 연산을 깔끔하게 쓰는 연습을 한다. 영어는 단어를 공부하고 문장을 만들어보며 평소 생각을 마음껏 써본다. 누군가에게 보여줄 문장이 아니니 생각이 거침없이 드러난다. 한 문장이라도 스스로 생각하며 쓰게 하자. 그러다 보면 생각하며 정리하는 힘도 생길 것이다. 조던 피터슨이 말하는 '일목요연하게 정리하는 힘' 말이다.

CHAPTER
2

질문하며 답을 찾는
국어 공부법

어휘력 :
한자어와의 싸움에서 이기는 법

'대관절, 을씨년스럽다, 시나브로, 개편하다, 오금, 샌님, 미덥다' 한때 인터넷을 떠돌던 중학생들의 어휘력 테스트에 사용된 단어들이다. 이 단어 중 세 단어 이상 그 뜻을 말할 수 있다면 평균 이상의 어휘력을 갖춘 것이라고 한다. 요즘 중학생들의 어휘 수준은 어땠을까?

'대관절'은 '큰 관절', '을씨년스럽다'는 욕, '시나브로'는 '신난다'라고 답한 아이들이 대부분이었다는 처참한 결과●가 나왔다.

● 이 결과에 덧붙여 상당수의 중학생들은 '개편하다'를 '정말 편하다', '오금'을 지하철역 이름, '샌님'을 '선생님'의 줄임말, '미덥다'를 '믿음이 없다'라고 생각하였다.

웃기면서도 암담한 결과를 보고 궁금증이 일어 우리 집 첫째에게
도 물어봤다. 굉장히 신기하다는 듯한 표정으로 쓱 훑어보던 아이
가 갑자기 당황한 표정을 짓더니 말한다.

"엄마, 여기 왜 욕이 있어?"

"응? '을씨년스럽다' 보고 한 말이야?"

"아니, 이거."

큰아이가 가리킨 손을 따라가 보니 '개편하다'라는 단어가 있
다. 이번엔 내가 당황스럽다. 한동안 서로를 쳐다보다 문득 단어
하나가 떠올랐다. '개어이없네?'**

결국 5학년이었던 첫째가 제대로 알고 있던 단어는 '미덥다'
하나뿐이었다. 여러분의 자녀는 과연 얼마나 제대로 알고 있을지
잠시 책을 멈추고 이 단어들을 보여주자. 재미있고 기발한 답이
많이 나올 것이다.

분명 한국어지만 이해하기 어려운 교과서

'말넘심'(말이 너무 심하다)이나 '별다줄'(별걸 다 줄인다)과 같은
줄임말이 아이들의 일상어가 되어가고 있다. 영어 해석을 쓰게 하

●● '개어이없네'에서 '개-'는 '접두사로 매우 정도가 심한'의 의미를 지닌 신조어이
다. 오래전부터 청소년들 사이에서 일상어로 사용되고 있다. 주로 부정적인 의미에
쓰이지만, 요즘에는 '개부러워, 개이쁨, 개웃겨'처럼 의미 구분 없이 두루 쓰인다.

면 맞춤법을 틀리는 경우가 너무 흔해서 가끔은 내가 국어 교사인지, 영어 교사인지 헷갈린다. "요즘 라면값 많이 올랐어"처럼 "요즘 아이들 어휘력 너무 안 좋아" 하며 단순히 걱정하듯 지나칠 문제가 아니다. 아이들이 학교에서 하루 종일 보고 있는 교과서에는 '말넘심'이나 '별다줄' 같은 말은 없기 때문이다. 대신 '축척, 범례, 퇴적, 침식'과 같은 한자어가 많을 뿐이다.

교과서에 한자어가 많이 사용되는 이유는 두 가지다. 첫째, 우리말에 한자어의 비중이 높다. 동아사이언스에서 실시한 조사(2022. 10. 06.)에 따르면 표준국어대사전의 표제어에 제시된 명사만을 놓고 봤을 때 전체 25만 2,755개 용어 중 한자어는 20만 5,977개로 약 81퍼센트를 차지한다. 쓰고 읽는 것은 한글의 형태지만 알고 보면 한자어인 단어들이 상당히 많은 것이다.

둘째, 교과서라는 제한된 지면에 교과 지식을 효율적으로 제공하기 위해서 한자어의 사용이 불가피하다. '사람들이 사는 집의 모습'과 '주거 형태'란 단어를 생각해보자. 둘 중 어느 것이 더 간결한가? 당연히 한자어인 '주거 형태'이다.

교과서는 공부에 필수품이다. 필수품인 교과서를 얼마나 잘 해독하느냐에 따라 공부력이 결정된다. 즉, 공부력은 한자어와의 싸움이라 해도 과언이 아니다. 어떻게 내 아이를 한자어와의 싸움에서 웃을 수 있게 해줄까? 그 해답을 찾아보자.

어휘력 키우는 노트 단어장

우리 아이들이 우선 정복해야 하는 단어는 결정됐다. 바로 교과서에 있는 한자어이다. 교과서를 집에 가져와 어려운 어휘를 점검하고 익힐 수만 있다면 더할 나위 없이 좋겠지만 실천하기 어렵다. 교과서가 얇지도 않고 요즘엔 질이 좋아져 무게도 꽤 나간다. 무엇보다 아이들이 교과서 챙겨오는 것을 쉽게 까먹는다. 설령 집에 가져오더라도, 학교에 다시 가져가는 것을 깜빡한다. 교과서를 챙겨 다니는 것이 아이와 부모에게 또 다른 스트레스일 뿐이다. 아이 어휘력을 키우려다 부모 화만 더 키우는 꼴이다. 이 문제는 얇은 노트 한 권으로 깔끔하게 해결할 수 있다. 수업에 집중할 이유도 만들어주고, 어휘력도 키울 좋은 방법이다.

◇ 노트 활용 방법

① 아이의 마음에 쏙 드는 얇은 노트 한 권을 구입한다.

② 공부를 하다 모르는 단어가 나오면 기록한다.

③ 공부가 끝난 뒤 사전으로 뜻을 찾아본다.

④ 정리한 단어를 활용하여 문장을 만들어본다.

노트 한 권으로 아이만의 단어장을 만드는 것이 어휘력 키우

기의 핵심이다. 이때 사용할 노트로 코넬식 노트를 추천한다. 코넬식 노트는 1950년 코넬대학교 월터 폭$^{Walter\ Pauk}$ 교육학 교수가 학생들의 학습 능력을 향상시키기 위해 고안한 노트 형식으로 다음과 같다.

★단어 정리하기 좋은 코넬식 노트 양식

A. 단어 출처 작성 (교과서 / 책 제목 / 신문 일자 등)	
B. 단어	C. 뜻
D. 정리된 단어 활용하여 문장 만들기	

단어장 작성 방법은 B에는 단어, C에는 뜻을 쓰고, D에는 정리한 단어를 활용하여 만든 문장을 적는다. 선으로 정확히 구분된 공간에 단어, 뜻, 문장을 보기 좋게 정리할 수 있어 나중에 살펴보기도 용이하다. '코넬식 노트'라고 검색하면 다양한 노트를 찾아볼 수 있으니 아이 마음에 드는 것으로 준비해보자.

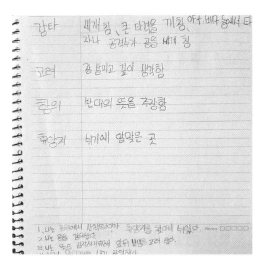

▲ 사회 수업 중 정리한 단어

노트 한 권의 효과

노트를 활용하면 생각보다 많은 효과가 있다.

첫째, 시간 절약과 높은 학습 효과라는 두 마리 토끼를 동시에 잡을 수 있다. 아이에게 정말 필요한 어휘만 정리해서 공부하는 것이므로 시간상으로 굉장히 효율적이다. 또한 아이가 공부하면서 모르는 단어들을 정리했기 때문에 단어 학습의 필요성이 명확해진다. 아이들은 공부할 때 그것이 자신에게 얼마나 필요한가에 따라 공부의 집중도를 조절한다. 국어, 사회, 과학을 공부할 때 모르던 어휘였으므로 높은 집중도를 보일 것이다. 수업 중 자주 들어본 단어들이라서 기억하기도 쉽다.

둘째, 복습의 효과가 있다. 아이가 기록한 단어를 익히며 공부한 내용을 상기시킨다. 어떤 과목을 공부할 때 등장한 단어였고, 이 단어가 어디에서 어떻게 쓰였는지 아이의 말로 정리해보게 하자. 단어의 뜻을 알게 되어서 그 부분이 더 잘 이해되는 것은 물론 아이의 말로 다시 한번 정리하는 과정을 통해 학습 내용이 장기기억으로 빠르게 저장될 것이다.

셋째, 내 아이의 취약한 분야가 드러난다. 아이가 정리한 단어들을 보면 내 아이가 어떤 부분을 특히 더 어려워하는지 알 수 있다. 예를 들어 '낙하, 전환, 보존, 태양광'과 같은 단어들이 적혀 있다면 과학에서 '에너지와 생활' 부분을 공부할 때 어려움이 많았다는 증거가 된다. 더 나아가 아이가 주로 어떤 과목을 배울 때 모르는 단어가 더 많이 나왔는지 쉽게 알 수 있으므로 취약 과목까지 정확히 파악할 수 있다. 선택과 집중이 가능한 공부를 할 수 있다.

넷째, 메타인지가 발달한다. 아이가 단어를 골라서 쓰려면 아이 스스로 무엇을 알고, 무엇을 모르는지 파악해야 한다. 이렇게 자신의 공부에 대해 평가하고 판단하는 능력이 바로 메타인지이다. 메타인지가 발달한 아이는 자신이 시간과 노력을 더 많이 집중해야 하는 분야를 정확히 알게 되고, 그에 맞는 전략을 세워 보다 효율적으로 공부할 수 있다.

단어장에 기재할 단어들의 출처가 꼭 교과서가 아니어도 좋다. 개인적으로 공부하는 문제집, 책, 신문 등 가정에서 활용하는 모든 자료로 가능하다. 지금 당장 아이의 손을 잡고 가까운 문구점으로 가서 아이가 좋아하는 예쁘고 멋진 노트를 사자.

 체크 포인트 꼭 종이 사전을 활용하세요!

예전 우리가 공부할 때는 종이 사전으로 공부하며 지냈다. 종이 사전은 무겁고 부피도 많이 차지했지만 단어를 찾는 동안 계속 곱씹어보게 되어 단어 기억에 도움이 되기도 했다. 세월이 지나 기술의 발달로 사전의 접근성은 높아졌으나, 사전을 찾는 일은 점점 줄어든 것이 문제다. 중학생인데도 한글의 자음과 모음 순서를 모르는 시대이다. 아무리 국제화 시대라지만, 영어 알파벳은 알면서 한글의 기역, 니은 순서를 몰라서 될까? 학교 시험에 나와야지만 한글의 자음과 모음 순서를 일부러 암기해서는 안 될 일이다. 역시나 구관이 명관이다. 인터넷 사전과 종이 사전의 차이를 비교하며 종이 사전이 왜 좋은지 살펴보자.

인터넷 사전과 종이 사전 비교

인터넷 사전	종이 사전
• 인터넷 기기를 사용하다 보면 샛길로 빠지기 쉽다. • 뜻풀이가 더 어려운 경우도 더러 있다.	• 오로지 단어 찾기 활동에만 집중한다. • 자음과 모음의 순서를 익힐 수 있다. • 뜻풀이가 이해하기 쉽다. • 동음이의어의 다양한 뜻을 한눈에 파악할 수 있다.

종이 사전의 장점 중 '쉬운 뜻풀이'가 단연 으뜸이다. 사전에서 단어 뜻을 찾았는데 그 뜻풀이가 더 어려워 좌절한 경험은 누구나 한 번쯤 있을 것이다. 종이 사전을 활용하면 그런 일은 확실히 줄어든다. 다음 '해일'이라는 단어의 뜻풀이 비교를 보자. 종이 사전 뜻이 훨씬 이해하기 쉽다.

인터넷 사전과 종이 사전의 뜻 비교

단어	인터넷 사전 뜻	종이 사전 뜻
해일	해저의 지각 변동이나 해상의 기상 변화에 의하여 바닷물이 크게 일어서 육지로 넘쳐 들어오는 것. 또는 그런 현상.	바닷물이 넘침. 지진이나 화산의 폭발, 폭풍우 따위로 인하여 갑자기 큰 물결이 일어 해안을 덮치는 일.

종이 사전을 활용할 때 찾은 단어를 형광펜으로 표시하면 더욱 좋다. 찾은 단어를 또 찾고 있는 것을 발견할 때 아이 스스로 깨닫는다.

'아, 자주 나오는 단어구나. 이제는 꼭 기억해야겠다.'

그리고 스스로 표시한 것을 보며 괜한 뿌듯함을 느끼기도 한다.

'아, 내가 이렇게 열심히 단어를 찾으며 공부했구나!'

독해력 :
배경지식 쌓기는 '이것'으로 시작

수업 시간에 챗GPT 기사를 다룬 적이 있다. 영문 기사였으므로 단어로 인한 어려움을 최소화하기 위해 매시간 5분 동안 단어 공부 시간을 따로 가졌다. 그럼에도 학생들은 그 기사를 읽고 이해하는 데 많은 어려움을 겪었다. 만약 아이들이 좋아하는 아이돌 혹은 게임에 관한 글이었다면 어땠을까? 분명 이해가 안 되는 단어들이 있어도 그 글은 쉽게 이해했을 것이다. 그렇다면 챗GPT에 관한 글과 아이돌이나 게임에 관한 글을 읽는 아이들에게는 어떤 차이가 있을까? 바로 배경지식의 유무이다. 챗GPT에 관한 배경지식은 없고, 아이돌이나, 게임에 관한 배경지식은 풍부한 아이들에게서 문제가 시작된다.

수업 중 아이들에게 질문 쇄도를 받은 문장이 있다. 바로 '챗GPT는 많은 예시를 통해 배우고 예전에 본 것들을 토대로 예측한다'라는 문장인데 질문하는 아이들마다 한결같이 말하는 것이 있었다.

"단어 뜻은 다 알겠는데….."

아이들이 말하듯 단어 탓이 아니다. 해석은 되는데 뜻이 이해가 안 되는 것이 문제였다. 인공지능인 챗GPT가 '배운다'는 것 자체가 이해할 수 없는 노릇이니 문장이 이해될 리 없다. 요즘 인공지능에게 학습 능력이 있을 정도로 기술이 발달했다는 배경지식만 있었다면 그렇게까지 어려워하지 않았을 텐데 말이다. 이처럼 글을 읽고 이해하는 독해력에 중요한 역할을 하는 배경지식은 어떻게 키울 수 있을까?

배경지식을 키우는 세 가지 방법

① 독서 대신 독해 문제집을 꾸준히 풀기

수영 실력을 키우기 위해 수영을 하고, 노래 실력을 키우기 위해 노래하는 것처럼 독해력을 키우기 위해서 독해 문제집을 푸는 것은 너무나 당연하다. 시중에는 초등학교 1학년부터 단계별로 잘 구성된 독해 문제집이 정말 많다. 그 문제집에는 문학, 비문학 지문이 골고루 배치되어 있다. 문제집 한 권으로 문학책도 읽고 비문학 책도 읽는 효과를 누릴 수 있다. 어떤 지문은 교과서에서 본 지문과 비슷해서 되게 신기해하며 즐겁게 읽는다. 책을 정말 많이 읽는 아이를 제외하고는 대부분의 아이들은 좋아하는 책의 종류가 정해져 있다. 이른바 편독을 하는 것이다. 과학을 좋아하는 아이라면 과학 관련 책만 읽고, 역사를 좋아하는 아이라면 역사 관련 책만 읽는다. 그러나 독해 문제집을 접하면 다양한 종류의 지문을 (반강제적으로라도) 읽어볼 수 있어 편독의 걱정도 덜어진다.

② 과학, 사회 문제집으로 비문학 잡기

수능 언어영역에서 많이들 힘들어 하는 부분이 비문학 부분이라고 한다. 비문학 지문에 사용되는 낯선 용어와 배경지식의 부족으로 아이들이 쩔쩔맨다. 수능에 활용된 비문학 지문은 교육 과정에서 크게 벗어나지 않는 내용들로 주로 사회, 역사, 과학 교과 내용을 다룬다. 비문학을 잘하려면 교과서를 많이 읽으라는 해결책이 여기에서 비롯된 것이다. 그러나 교과서를 읽으라고 하면 아이들이 잘 읽을까? 글쎄 잘 모르겠다.

교과서를 읽으라고 하는 것은 배경지식을 쌓기 위함이고, 이는 사회, 과학 역사 문제집으로도 충분히 달성할 수 있는 목표이다. 문제집은 교과서에 담긴 내용을 알아보기 쉽게 정리해놓았다. 문제를 풀기 위해서는 내용을 알아야 하므로 정리된 부분을 읽지 않으면 안 된다. 문제 속에도 교과 내용이 담겨져 있다. 문제를 풀면서도 배경지식이 쌓여간다. 틀린 문제가 있으면 그 부분을 다시 찾아 읽어봐야 한다. 그렇게 문제집 한 권으로 비문학 배경지식이 쌓여간다. 게다가 문제집을 풀면서 그 내용을 얼마나 잘 이해했는지 동시에 파악할 수 있으므로 이보다 더 좋은 방법이 없다. 문제집도 안 풀려고 한다면 이 책의 처음으로 돌아가 아이의 공부력을 키우기 위한 준비 단계를 다시 시작하자.

③ 어린이 신문 읽기

신문은 우리가 살아가는 이 세상에 일어난 일들을 한눈에 알아볼 수 있도록 잘 정리한 매체이다. 또한 신문은 날마다 새로운 정보를 제공하기 때문에 질릴 겨를이 없다. 우리 집 아이들이 스스로 먼저 찾아서 읽는 것이 바로 신문이다. 처음 신문을 구독할 때는 매일 배달되는 신문이 부담스러웠다. 혹여나 아이들이 신문을 싫어하면 그 쌓여가는 신문을 어떻게 처리할 것인지에 대한 걱정도 있었다. 그러나 나의 걱정과는 달리 아이들은 신문을 좋아한다. 첫째 아이는 어린이 신문에 익숙해지더니 이젠 성인용 신문도 펼쳐서 읽어본다. 어린이 신문에서 본 기사와 똑같은 기사를 보면 반가워하며 그 부분을 더 자세히 읽기도 한다. 자연스럽게 아이의 배경지식이 확장된다.

체크 포인트 신문과 친해지기

신문은 딱딱하고 재미없는 인상을 준다. 작은 글씨가 큰 종이를 가득 채우고 있어 부담스럽다. 다양한 내용을 담고 있지만 그만큼 아이들의 관심 밖인 내용들도 많다. 신문을 오리고 붙이며 놀이 삼아 친해지게 할 수도 있지만 이미 초등 고학년이 된 아이라면 그 놀이는 더 이상 큰 흥미를 가져다주지 못한다. 인위적인 활동으로 아이의 흥미를 억지로 끌기보다는 아이의 심리적 부담감을 덜어주는 것이 더 현명한 선택이다.

단 하나의 기사부터 시작하자. 심지어 기사를 읽고 아무 이야기도 나누지 말자. 신문이라는 매체와 친해질 시간을 충분히 갖도록 해주자. 매일 읽을 단 하나의 기사를 찾기 위해 신문을 훑어보던 아이는 곳곳에 숨겨진 만화, 가로세로퍼즐, 시사 문제들에도 관심을 보이기 시작할 것이다. 처음부터 대단한 것을 기대하지 않는 것이 중요하다. 아이가 그동안 하지 않던 것을 하고 있음에 아낌없이 칭찬해주고 대견해하면 아이는 스스로 그 속에서 즐거움을 찾는다.

문해력 :
글을 이해하는 질문 만들기

나는 뼛속까지 교사인 사람이다. 간단한 신문 기사를 읽어도 아이들이 그 내용을 진짜 잘 이해했는지 확인하고 싶어 안달이 난다. 내가 안달할수록 아이들은 글 읽기에 치를 떨려 하는 걸 보자 깊은 고민에 빠졌다.

'아…. 어떻게 하면 티 안 나게 아이들이 이해한 걸 확인할 수 있지?'

내 안에 가득 피어난 물음표를 아이에게 전달시킨 것이 지금 소개할 '질문 만들기' 활동이다.

> "배움의 질은 질문의 질에 정비례한다."
>
> — 아니키 토츠쿠 이제키엘

> "배움이란 질문을 하고, 궁금해하고, 호기심을 갖는 것이다."
>
> — 카렌 살만손

> "중요한 것은 질문하는 것을 멈추지 않는 것이다."
>
> — 알버트 아인슈타인

나의 만족을 위해 우리 집 아이들에게 질문을 하게끔 했지만, 질문이 지닌 힘은 예부터 많은 성인들에 의해 인정받고 있는 부분이다. 여기서 질문이란 교사나 타인의 질문이 아닌, 학습자 스스로 생성해내는 질문을 뜻한다. '이것도 모르냐'는 반응을 보게 될까 봐, 또는 무엇을 모르는지 몰라서 질문을 하지 못하는 요즘 아이들에게는 질문하는 연습은 더욱 중요하다. 주어진 글을 비판적이고 능동적으로 읽을 때 키워지는 문해력을 위해서도 질문은 꼭 필요하다. 어떻게 하면 질문 잘하는 아이로 키울 수 있을까?

질문 만들기 활동 노하우

① 질문의 종류 알기

질문을 만들기 전에 글을 읽고 만들 수 있는 질문 유형을 알고 가는 것이 좋다. 질문에는 두 가지 유형이 있는데, 하나는 간단하고 쉽고 빠르게 답을 찾아낼 수 있는 얇은 질문^{thin question}이고, 다른 하나는 답을 찾기 위해 생각할 시간이 필요한 두꺼운 질문^{thick question}이다.

★질문 유형

	얇은 질문	두꺼운 질문
특징	• 주어진 자료에 질문의 답이 있다. • 답이 하나로 정해져 있다. • 독자의 생각과 견해가 답에 포함되지 않는다. • 많은 생각을 필요치 않는다.	• 주어진 자료에 질문의 답이 없다. • 여러 개의 답이 가능하다. • 독자의 생각과 견해가 답에 포함된다. • 주어진 자료에서 답에 대한 실마리를 찾아 생각해야 한다.
예시	• 이 이야기의 배경은 언제인가요? • 주인공 이름은 무엇인가요? • 주인공은 언제 슬펐나요?	• 이 이야기가 전하는 교훈은 무엇일까요? • 주인공이 친구 생일파티에 가지 않았다면 어땠을까요? • 주인공의 결정이 바람직하다고 생각하나요? 여러분의 의견을 말해봅시다.

아마 아이들에게 질문을 만들어보라고 하면 주로 얇은 질문만 생각해낼 것이다. 두 종류의 질문을 아이들에게 소개한 후 질문 만들기 활동을 하면 좋겠지만 안 그래도 바쁜 생활에 질문 종류까지 세세히 알려줄 여유는 없다. 그러므로 부모가 질문의 유형을 숙지한 채 질문 만들기 활동을 진행하다가 어느 정도 아이가 질문 만들기 활동에 익숙해졌을 때 '두꺼운 질문'을 소개하는 것이 좋다. 어떤 식으로 활용하든 질문의 두 유형에 대해서는 반드시 알고 지나가야 한다. '얇은 질문'보다는 '두꺼운 질문'이 문해력에서 강조하는 비판적 사고력을 키우기에 더 유용하기 때문이다.

② 질문 만들기

처음은 누구나 서툴기 때문에 익숙해질 때까지 부모가 옆에서 약간의 도움을 줘야 한다. 함께 질문을 만들며 질문 만들기에 익숙해지도록 하자. 언제까지나 부모가 함께 해줄 수 없고, 그럴 필요도 없으므로 도움의 횟수를 정해놓고 시작하는 것이 좋다.

"다섯 번 정도는 엄마(혹은 아빠)랑 같이 문제 만들어보자. 그다음부터는 ○○이 혼자 만들어보는 거야."

이렇게 명확한 가이드라인이 제시되면 함께하는 부모도 마음에 부담이 줄어들고, 아이는 스스로 해나갈 마음의 준비를 한다. 가이드라인이 주는 안정감 속에서 아이들은 성장할 힘을 얻는다.

각각

1. 4.19혁명, 동학농민혁명은 몇년도에 무슨 일 때문에 일어났나요?

① 4.19 혁명: 1960년

동학 농민혁명: 1894년

2. 동재광고의 뜻

정부나 대중에 옳으로 가함

---

1. 광고의 프로세스 이중 짧형 몇개 광고

2. 무엇을 광고하기위한 ...

3. 다음중 프로세트 ...
①
②
③
④

---

1. 어떤 로봇이 개발 되었나요?
(애벌레 로봇)

2. 로봇 애벌레는 몇 cm 인가요?
(9) cm

1. 패러디가 뭐요?
원본에서 ... 새로운 콘텐츠를 만듦

2. 세로는 어디에서 탈출?
서울 광진구 어린이대공원 동물원

▲ 문제 만들기

③ 질문 바꿔서 답하기

문제를 만드는 것에서 끝나는 것이 아니라 가족끼리 문제를 바꿔서 풀어보는 단계도 반드시 필요하다. 다른 사람의 관점으로 만들어진 질문을 통해 아이가 미처 생각하지 못한 부분까지도 살펴보게 되므로 글을 훨씬 더 정확하게 이해할 수 있게 된다.

다음의 질문 만들기의 노트 사진은 아이들이 신문을 읽고 활동했던 결과물이다. 처음엔 짧은 문장으로 단답형의 문제만 만들어내던 아이들이 객관식과 주관식 문제를 자유자재로 만드는 '문제 만들기 선수'가 되었다. 심지어 서로가 만든 문제를 비판적인 시각으로 보는 실력까지 겸비하며 서로의 발전을 자극하기도 했다. 이렇듯 아이들은 어른이 판만 잘 깔아주면 그 위에서 자유롭게 잘 뛰어논다.

물음표의 효과

질문에는 아이의 '글에 대한 이해도'가 그대로 나타난다. 만들어진 질문을 보면 아이가 내용을 얼마나 잘 이해했는지 단번에 알수 있다. 주어진 문제만 풀릴 때는 문제의 유형에 익숙해지고 문제에 대한 느낌이 생겨서 지문을 제대로 이해하지 못해도 감으로 찍어서 맞힐 수 있다. 그러나 문제를 만드는 것은 전혀 다른 이야기다. 아이가 주어진 글을 제대로 이해하지 못했을 때 만든 질문은 전혀 다른 쪽으로 흘러가게 되어 있다.

둘째가 시리아 지진에 대한 기사를 읽고 "지진에서 살아난 두 사람은?"이라는 질문을 만든 적이 있다. 그 질문을 읽고 첫째가 평소보다 긴 시간 동안 끙끙거리며 답을 찾으려 애쓰고 있었다. 그러다 첫째는 문제가 이상한 것 같다고 출제자를 소환했고 출제자가 알려준 답을 듣자 첫째는 크게 화내며 "야! 애는 살고 엄마는 사망했다는 기사잖아. 두 사람이라고 해서 엄청 찾았어!"라고 말하는 것이다.

둘째는 기사에서 "당시 아기는 어머니와 탯줄이 이어진 상태로 구조됐다"라는 부분을 읽고 아기와 어머니 모두 구조된 것으로 이해했다. 하지만 기사 마지막에 "안타깝게도 아기의 어머니 등 다른 가족들은 숨졌다고 AP통신은 전했다"란 부분은 제대로 읽지 않았거나 이해하지 못했던 것이다.

둘째의 잘못된 이해로 잘못 만들어진 질문에 답을 찾느라 첫째가 끙끙거리긴 했지만 이 모든 과정이 첫째와 둘째 모두에게 반드시 도움이 되었을 것이다. 첫째는 잘못 만들어진 문제를 푸느라 기사를 몇 번이나 반복해서 읽으며 글을 더 비판적인 시각으로 바라보는 힘이 길러졌을 테고, 둘째는 본인이 잘못 이해했다는 점을 알게 되면서 주어진 기사를 보다 정확하게 읽어내기 위해 노력하는 힘을 얻었을 테니 말이다.

느낌표가 되는 물음표의 힘

'애들이 글을 얼마나 잘 이해했을까?' 하는 물음표로 시작했던 질문 만들기 활동이 횟수가 거듭될수록 '이렇게도 생각할 수 있구나!' 하는 큰 느낌표로 다가올 때 이 활동의 묘미를 느낀다. 학교에서도 마찬가지였다. 처음에 '힘들다, 어렵다, 하기 싫다'며 한숨 짓던 아이들이 몇 번의 연습으로 놀라울 정도로 멋진 질문을 만들어낼 때 그 감동은 이루 말할 수 없다.

"챗GPT에 새로운 기능을 부여한다면 무엇이 있을까?"

"챗GPT로 인해 우리는 더 나은 삶을 살아갈 수 있을까?"

"챗GPT로 인해 의사는 필요 없게 될까?"

처음엔 이해조차 못해서 쩔쩔매던 그 챗GPT 기사를 읽고 만든 질문이다. 교사인 내가 한 것이라곤 질문의 종류를 알려주고 질문을 만들어보는 것이 왜 중요한지 알려줬을 뿐이다. 기사를 읽고 자신의 이해를 바탕으로 질문을 만들어낸 것은 바로 아이들이었다. 질문 만드는 과정을 거치면서 아이들은 챗GPT라는 지문을 더 꼼꼼히 읽어보았고, 정확히 이해하려 노력했다. 친구의 질문을 보며 놓친 부분까지 꼼꼼히 메워갔다. 그로 인해 독해력이 향상되고, 질문을 만들어내면서 문해력도 향상되었다. 기존의 공부 방식과 사뭇 다른 질문 만들기 활동이 아이들에겐 가장 힘든 부분이기도 했지만 가장 기억에 남는다고도 했다.

아이들에게 질문의 기회를 많이 만들어주자. 처음 마주하는 물음표에 당황하고 힘들어 할 수 있다. 그러나 몇 번의 연습으로 언제 그랬냐는 듯 근사한 질문을 만들어낼 것이다. 물음표를 통해 지금껏 사용하지 않아 몰랐던 사고의 능력을 일깨워주자.

종합 국어력:
숨어 있는 핵심어 찾기

　해마다 독서광을 한두 명씩 꼭 만난다. 그중 기억에 오래도록 남아 있는 한 아이가 있다. 그 아이의 손에서 책이 떠난 적을 보기 힘들 정도로 책을 엄청 좋아했다.

　"우와! 다운이는 책 엄청 좋아 하나 보다."

　"네, 재미있어요."

　"재미있는 내용의 책인가 봐?"

　다운이가 읽고 있던 책의 제목은 《소유냐, 존재냐》였다. 대학교 교양수업에서 처음 접했던 그 책을 고작 열다섯 살인 그 아이는 정말 재미있게 읽고 있었다. (나에겐 지루했던) 그 책이 왜 재미있냐고 묻는 질문에 다운이의 대답은 더 놀라웠다.

"글 속에 숨겨진 이야기를 찾는 것이 재미있어요."

진짜 글을 사랑하고 제대로 읽을 줄 아는 아이였다. 글이란 작가의 경험, 주변 사례, 다른 대상과의 비교 등 여러 가지 이야기를 엮어놓은 것이다. 그렇게 얽히고설킨 이야기들 속에는 반드시 작가가 전달하고자 하는 주된 메시지가 있다. 그것이 글의 주제이다. 주제가 잘 드러난 글이 있는 반면, 주제를 꽁꽁 숨겨놓아서 쉽게 찾기 힘든 글도 있다.

주제를 찾는 질문에 김밥 옆구리 터지는 소리를 하는 둘째를 보면서 나의 임용고시 준비 시절을 떠올렸다. 아무리 영어 전공자라지만, 영어로 빽빽한 긴 글을 보는 순간 머리가 어지러워지는 건 어쩔 수 없다. 한국인이기 때문이다. 긴 글의 핵심을 빠르게 파악하여 질문이 원하는 답을 얼마나 빠르게 찾느냐에 따라 당락이 결정되는 임용고시였다. 내가 원하던 꿈을 위해 시험에 합격하려면 주제를 빨리 파악하는 연습이 무조건 필요했다. 합격의 절실함으로 연습했던 단락별 핵심어 찾기를 내 아이들에게도 적용해보았다.

'핵심어 찾기'와 확장된 활동들

첫째는 문학을 어려워하고, 둘째는 비문학을 어려워한다. 그래서 첫째는 주로 문학 지문을 읽을 때, 둘째는 비문학 지문을 읽을 때 사용한다. 모든 지문에 적용할 순 없고, 유독 문제에 대한 답을 못 찾을 때 사용하고 있다. 핵심어 찾기 활동 자체는 엄청 간단하지만 쉽지는 않아서 처음에는 오히려 아이들이 쉽게 읽은 지문으로 연습을 시켰다. 처음 하는 활동인 만큼 부담감을 낮추기 위해 사용한 전략이다.

① 각 단락의 핵심어에 밑줄 치기

핵심어 찾기의 첫 시작은 당연히 각 단락의 핵심어에 밑줄을 그어 표시하는 것이다. 잠시 책 읽기를 멈추고 아이에게 아래 단락의 키워드를 찾아보라고 하자. 다음은 초등학교 4학년 수준의 《빠작 초등 국어 비문학 독해》 문제집의 56페이지 부분에서 발췌한 부분이다.

중독이란 술이나 약물 등의 지나친 복용으로 장애를 일으키거나 그것이 없이는 견디지 못하는 병적인 상태를 일컫는다. 스마트폰 중독은 스마트폰에 지나치게 빠져 일상생활에까지 지장을 받는 상태를 말한다. 잠시라도 스마트폰과 떨어지면 일종의 금단 증상과 같은 심리적 불안감을 느끼는 것이다. 이러한 스마트폰 중독 현상이 최근 심각한 사회 현상으로 대두되고 있다.

핵심어를 찾는 가장 간단한 첫 번째 방법은 가장 많이 사용되는 단어를 찾는 것이다. 앞의 단락에서 가장 자주 언급된 단어는 무엇일까? 바로 '중독'과 '스마트폰'이다.

핵심어를 찾는 두 번째 방법은 '핵심어'라는 단어 자체에 그 힌트가 숨겨져 있다. 핵심어는 말 그대로 그 단락의 중심이 되는 단어이다. 그러므로 해당 단락의 중심 문장을 찾으면 그 안에 핵심어가 있다. 이 단락의 중심 문장은 무엇일까? 중심 문장은 주로 글의 처음이나 마지막에 등장한다. 이 단락의 중심 문장은 마지막에 있는 "이러한 스마트폰 중독 현상이 최근 심각한 사회 현상으로 대두되고 있다"는 문장이다. 이 두 가지 방법으로 찾은 공통된 핵심어는 바로 '스마트폰 중독'이다. 위 두 가지 방법 중 지문에 따라 편한 방법을 활용하자.

② 찾은 핵심어로 글 요약하기

핵심어는 각 단락에서 중심이 되는 단어이다. 이 핵심어들이 모이면 전체 글이 무엇에 대해 이야기하는지 한눈에 알아볼 수 있다. 찾은 핵심어를 보면서 아이에게 이야기를 다시 요약하게 한다면 하나의 글에 대한 완전 정복이 가능하다. 요약은 말로 해도 좋고, 글로 해도 좋다. 말로 한다면 말을 조리 있게 하는 연습이 되고, 글로 한다면 글쓰기 실력을 함께 키울 수 있으니 어떤 방법으로 하든 좋다. 아이가 핵심어를 찾는 동안 글을 이해하는 과정을 한 번 거쳤기 때문에 수월하게 글을 요약할 것이다. 만약 글의 핵심어인 '스마트폰 중독'으로 요약해본다면 '스마트폰 중독이 심각하다'로 정리될 것이다. 이렇게 각 단락의 핵심어로 전체 글을 요약해보는 것이 핵심어 찾기의 두 번째 단계이다.

③ 글의 제목 짓기

발견한 핵심어를 잘 엮으면 중심 주제가 보이고, 이를 토대로 제목을 지어볼 수 있다. 물론 시중에 많은 교재는 글마다 제목을 함께 제시하고 있다. 하지만 중심 내용만 잘 나타낸다면 어떤 것이든 제목이 될 수 있으므로 교재에 명시된 제목 외에 아이만의 제목을 만드는 것도 의미 있는 활동이다. 제목을 만들어봄으로써 아이는 창의력을 발휘하게 되고, 생각하는 힘을 기를 수 있기 때문이다. 이 단락을 보고 글의 제목을 지어본다면 '스마트폰 중독의 심각성'이 될 것이다.

핵심어 찾기 활동의 궁극적인 목적은 학년이 올라갈수록 쉽게 드러나지 않은 글의 주제를 파악하는 능력을 키우기 위해서이다. 글의 중심 내용을 제대로 파악한다면 어떤 유형의 문제도 중심을 잃지 않고 잘 풀어낼 힘이 생긴다. 처음에는 쉽게 읽은 글로 충분히 연습하면서(2~3번 연습하면 아이들은 금세 적응한다), 핵심어를 찾는 것이 글을 이해하는 데에 큰 도움이 되는 것을 몸소 느끼도록 해주자. 체득한 힘으로 어려운 글도 거뜬히 이해하게 될 것이다.

단, 이 활동을 적용할 때 주의해야 할 사항이 있다. 이 세 가지 활동을 점진적으로 적용해야 한다는 것이다. 아이가 핵심어 찾기에 적응된 이후에 요약하기를 시키고, 요약하기에 익숙해진 다음 제목 만들기로 넘어가길 권한다. 첫술에 배부를 순 없다. 공부의 주체가 아이임을 잊지 말고 아이의 적응 속도에 맞게 나아가자.

 체크 포인트 부모 힘 적게 들이고 핵심어 찾기

반드시 독해 문제집을 활용하여 해설지를 보조 교사로 삼자. 핵심어 찾기 활동의 목적은 아이가 글의 중심 내용을 정확하게 파악하는 능력을 기르기 위함이다. 아이의 공부력을 키우는 데 부모가 더 힘들면 안 된다. 공부하는 아이는 괴로운 과정이 반드시 필요하지만 부모는 아니다. 아이의 괴로움은 부모가 어루만져주면 되지만 부모의 괴로움은 누가 어루만져줄 것인가? 해소되지 못한 채 남아버린 괴로움은 엉뚱한 곳에서 분출되기 마련이니 해설지를 보조 교사로 삼아 부모의 스트레스를 최소화하자.

저학년, 어휘력 다지는 한자어 공부

국어는 크게 기본 영역과 학교 국어로 나누어 생각할 수 있다. 기본 영역은 가장 일반적으로 중요하게 여기는 국어의 어휘력, 독해력, 그리고 문해력이 해당된다. 학교 국어는 이론적인 요소를 배우는 것으로 글의 종류나 비유의 표현 등이 포함된다. 따라서 좋은 성적을 받기 위해서는 일반적인 국어 영역과 학교 국어를 위한 공부가 함께 이루어져야 한다. 하지만 초등학교 저학년은 이제 막 공부를 시작한 시기이다. 집중력이 짧은 저학년 아이에게 한 번에 많은 것을 하기보다는 하루에 하나의 영역만 연습하여 작은 성공 경험을 꾸준하게 쌓아주는 것이 더욱 중요하다.

무엇보다 저학년은 어휘력 향상에 적극적으로 힘써야 할 시기이다. 어휘력을 위해서는《초능력 급수 한자》와 같은 한자 급수용 교재로 한자의 기본적인 뜻을 짚어보는 것이 큰 도움이 된다. 굳이 한자를 쓸 정도로 공부할 필요는 없다. '우의, 강우량'처럼 '우雨'가 들어간 단어를 처음 접했을 때 비와 관련된 뜻을 지녔을 것으로 추측할 수 있을 정도로만 공부해도 충분하다.

어휘력이 부족하면 국어뿐만 아니라 사회, 과학, 수학 등 다른 과목의 학습에도 어려움이 생길 수밖에 없다. 기본 독해력은 교과서 지문을 읽고 문제 푸는 연습만 해도 충분히 키울 수 있으므로 저학년이란 점을 고려하여 한 번에 너무 많은 것을 하려 하지 않길 바란다.

고학년, 독서 대신 독해력 키우는 법

저학년 때 서서히 공부 습관을 다지고, 한자로 어휘력을 키워왔다면 고학년은 긴 글을 읽는 연습이 필요한 시기이다. 고학년 교재로 소개할《뿌리깊은 독해력》은 독해를 위한 교재와 어휘를 위한 교재로 나뉘어져 있다. 그중《뿌리깊은 독해력-어휘편》은 글 속에서 한자, 속담, 사자성어의 뜻을 익힐 수 있도록 구성되어 있어 어휘력은 물론 독해력도 탄탄히 쌓을 수 있는 교재이다. 대부분의 어휘력 문제집이 비슷한 구성이다. 그래서 어휘 문제집만으로도 독해력 향상까지 노릴 수 있지만, 만약 아이가 수월하게 잘 따라온다면 여기에 독해 문제집을 따로 추가해도 좋다.

아이가 수월하게 잘 따라온다는 것은 하루 분량을 큰 불만 없이 잘 한다는 것을 뜻한다. 만약 아이가 불만스러운 상태라면 문제 푸는 속도가 확연히 길어진다. 내면의 짜증과 화를 다스리느라 문제에 집중할 수 없기 때문이다. 그런 상태에서 푼 문제는 비록 답을 맞췄다 하더라도 찍어서 맞췄을 가능성이 높고, 제대로 된 내용 파악이 안 되었을 가능성도 높다. 그러니 문제 푸는 시간이 평소보다 턱없이 길어진다면 즉시 공부를 중단하고 무엇이 문제인지 살펴보는 것이 중요하다. 만약 "그랬구나"의 부드러운 대화법이 안 될 것 같으면 공부가 다 끝난 뒤에 아이를 꽉 안아주자. 진한 포옹 한 번이면 아무리 큰 화와 짜증도 아무것도 아닌 일이 된다.

고학년이 되면 처리해야 하는 지문의 길이가 저학년과는 또 다른 양상으로 나타난다. 작아진 글씨로 한 면을 꽉 채운 지문을 처음 접하는 아이들은 당혹감을 감추지 못한다. 학교 공부와 어휘, 독해 문제집을 그 어느 때보다 균형 있게 잘 배치하는 것이 중요해지는 때이다. 만약 아이가 짜증과 화를 내고 있다면 '지금 새로운 상황에 적응하는 중이라 마음이 힘들구나' 쯤으로 해석하며 조금은 껄끄러워도 그냥 넘어가자. 아이가 현재의 공부 패턴에 익숙해질 때까지 기다렸다가 새로운 영역의 문제집을 시작하는 것이 훨씬 빠르고 확실한 효과를 가져다준다는 것도 잊지 않으면서 말이다.

중학교, 공부력을 꽃피우는 시기

중학교로 진학한다는 것은 초등학교에서 중학교로 한 단계 업 그레이드하는 것이다. 당연히 공부도 한 단계 업그레이드된다. 초 등학교에 비해 글씨가 더더욱 깨알 같아지는 것은 물론, 학교 시 험 문제의 지문 길이가 시험지 한 바닥을 넘을 수 있을 만큼 길어 진다.

중학교 추천 교재에는 학교 공부를 위한 책은 없다. 이를 중학 교에 올라가면 학교 공부는 하지 않아도 된다는 뜻으로 이해하면 안 된다. 중학교마다 사용하는 교과서가 다르므로 추천할 수가 없 을 뿐이다. 중학교에서는 문학 이론, 국어 문법 등 국어 이론을 좀 더 심도 있게 다루기 때문에 다양한 지문을 읽는 것만으로는 좋은 성적을 낼 수 없다. 개별 학교 교과서 출판사에 맞는 교재로 열심 히 내신 관리법을 익혀야 한다. 사실상 중학교에 진학해서 본격적 인 공부를 하면 늘어나는 과목 수 때문에도 어휘, 독해, 내신 관리 용 교재를 모두 소화할 순 없다. 따라서 여기서 추천한 교재는 예 비 중등 과정에서 풀어보며 중학교 공부에 대해 미리 경험해보는 용도로 사용하면 좋을 것이다.

결론을 말하자면 초등학교 저학년 때는 학교 교과 내용이 비 교적 쉬우므로 공부 습관을 잡으면서 기본적인 어휘와 독해 실력

쌓기에 집중하면 좋다. 고학년은 아이들의 마음 상태 및 학교 공부 이해 정도를 잘 따져가며 어휘력, 독해력, 학교 공부, 이 세 가지를 균형 있게 잘 배치하는 것이 중요하다. 이렇게 초등학교 때 국어 공부를 꼼꼼히 잘 해왔다면 중학교 때는 학교 수업 따라가기에만 집중해도 충분히 좋은 성과가 있을 것이다.

만일 이러한 기초 없이 중학교에 진학할 기로에 놓였다면 서두르지 말고 차분히 첫 단계부터 밟아나가도 된다. 누누이 강조하지만, 늦게 시작하게 되었다면 그만큼 아이들의 이해력은 높아져 있어서 오히려 유리한 위치에 있다. 어릴 때 1년 공부하던 양을 몇 개월 만에 끝내버릴 수 있는 놀라운 힘이 있기 때문이다. 공부 습관이 제대로 잡혀 있지 않은 것일 뿐 아이의 지적 능력이 초등 수준에 머물러 있는 것이 아니므로 절대 포기해선 안 된다. 서당 개 3년이면 풍월을 읊는다는데 6년간 학교를 빠짐없이 다니며 들어온 풍문으로 분명 빠르게 치고 올라갈 것이다.

국어 문제집 이렇게 고르세요

서점의 가장 넓은 면적을 차지하고 있는 부분이 학습참고서 영역이다. 선택의 폭이 넓어진 것은 좋으나, 그만큼 결정하는 데 정확한 비교가 필요하다. 그렇다고 무조건 많이 팔리는 교재를 고르는 것은 옳지 않다. 아무리 예쁘고 좋은 옷이라도 몸에 너무 크거나 작으면 불편해서 입을 수 없듯이 제아무리 많이 팔리는 문제집이라고 해도 내 아이에게 적합하지 않을 수도 있다.

똑 부러지는 국어 교재 선정법

유행보다 더 중요한 내 아이 맞춤형 교재를 선정하기 위해 어떤 것을 고려해야 할까?

첫째는 문제집을 풀리는 목적이다. 학교 성적을 관리하기 위한 목적으로 공부를 하는지, 혹은 일반적인 국어 실력을 키우고자 하는 것인지 그 목적을 정확히 구분해야 한다. 목적에 따라 문제집의 종류가 달라지기 때문이다.

둘째는 아이의 현재 수준이다. 이 책에서는 아이의 수준을 편의상 초등학교 저학년(1~3학년), 고학년(4~6학년) 그리고 중학교로 구분 지어 살펴보겠다.

즉, 내 아이가 초등학교 4학년이라 하더라도 이제 막 공부하기 시작한 아이라면 저학년에 소개된 교재로 시작하는 것이 좋다. 그래야 아이의 부담감은 줄이고 성취감을 높여 공부가 힘든 것만은 아니라는 인상을 줄 수 있다.

마지막으로 가장 신경 써야 할 부분은 문제집을 통해 향상시키고자 하는 영역을 분명히 결정해야 한다는 것이다. 앞서 살펴보았듯이 국어는 크게 어휘력과 독해력, 문해력으로 나뉜다. 어휘력을 키우기 위한 문제집과 독해력을 키우기 위한 문제집이 구분되어 있으므로 어떤 것에 더 집중할 것인지 분명히 해야 한다. 아이들마다 수준은 천차만별이니 다음에 제공될 연령별 교재 추천표를 참고하여 처음 몇 장만 풀린 채 버려지는 문제집이 없길 바란다.

연령별 추천 교재

연령별	영역별	추천 교재	
초등학교 저학년 (1~3학년)	학교 수업 정복하기		《EBS 만점왕》 • 무료 해설 강의 제공 • 반드시 알아야 할 내용이 자세한 설명과 함께 깔끔하게 정리됨
	어휘력		《우공비 일일 어휘》 • 한자어의 자세한 뜻풀이 제시 • 분량이 적어 심리적 부담감이 적음

초등학교 저학년 (1~3학년)	어휘력		《초능력 급수 한자》 • 하루 2개의 한자를 익힐 수 있도록 구성됨 • 한자의 뜻을 그림과 함께 자세히 설명함 • 기출문제 연습을 통한 복습 가능
	독해력		《하루 한 장 독해》 • 낱장으로 구성되어 있어 부담감은 낮추고 성취감은 높일 수 있음 • 매회 차 '복습 놀이 학습' 제공으로 재미 추가
초등학교 고학년 (4~6학년)	학교 수업 정복하기		《우공비 초등 국어》 • 기본 개념 문제, 단원 평가, 서술형 평가로 다양한 문제 연습 가능 • '독해비법책'으로 새로운 글을 읽으며 독해 실력 키울 수 있음
			《EBS 만점왕》 • 무료 해설 강의 제공 • '개념책'과 '실전책' 두 권으로 구성되어 있어 많은 문제로 실력을 제대로 점검하고 향상시킬 수 있음

초등학교 고학년 (4~6학년)	어휘력	《뿌리깊은 초등국어 독해력-어휘편》 • 한자, 속담, 사자성어를 글 속에서 그 뜻이 자연스럽게 이해되도록 제시함 • '어법, 어휘편'을 통해 지문에 사용된 어휘를 추가적으로 학습할 수 있도록 함
	독해력 어휘력	《뿌리깊은 초등국어 독해력》 • 문학과 비문학의 다양한 지문을 접할 수 있음 • 매회 차 어휘 점검 문제 제공으로 어휘력 향상까지 가능함 • 교과 연계 지문으로 사회, 과학 배경지식 쌓는 데 도움이 됨
		《빠작 독해》: 문학/비문학 • 빠작 문학 독해와 빠작 비문학 독해로 개별 교재 구성 • 매회 차 QR 코드 사용하여 지문 분석 강의 제공 • 내용이 긴 작품일 경우 3회 차에 걸쳐 공부함으로써 작품에 대한 이해도를 높임 • '오늘의 어휘'를 제공하여 어휘력 향상을 도움

중학교	어휘력		**《빠작 어휘》** • 완벽한 어휘 정복을 위한 교재 • 필수 기본 어휘 및 개념 정리 • 한자 성어, 속담, 관용구 정리 • 어휘의 뜻은 물론 문장 속에서 사용되는 다양한 쓰임을 익힐 수 있음
	독해력		**《중등 수능 독해》** • 문학과 비문학 개별 문제집 구성 • 수능형 문제에 익숙해질 수 있음 • 어휘 점검 문제로 어휘 실력까지 향상할 수 있음 • 성취도 평가 문제로 자신의 실력 재점검 가능
			《자이스토리 중학 국어 독해력 완성》 • 문학과 비문학 개별 문제집 구성 • 비문학: 매회 차 어휘 review 문제 제공 • 문학: 문학 용어 설명 • 해설지: 매우 자세한 해설로 완벽한 이해 가능

CHAPTER
3

문장 쓰기로 통하는
영어 공부법

어휘 :
숙제 대신 게임으로 영단어 뽀개기

국어의 기초에 있어 어휘력이 가장 중요하듯, 영어에서 가장 중요한 것 또한 단어이다. 단어는 모든 언어의 기본 단위로서 그 뜻을 모르면 단어들의 덩어리인 구phrase/句와 절clause/節의 의미를 파악하기 힘들다. 작은 단위인 구와 절을 모르면 그보다 더 큰 단위인 문장, 그리고 문장들이 모여서 만들어진 글은 더더욱 이해할 수 없다. 국어 어휘력도 많이 부족한 요즘 아이들이 이처럼 중요한 영어 단어를 위해 과연 얼마나 많은 노력을 하고 있을까?

어느 날, 한 아이가 "선생님 저는 영어가 제일 어려워요. 영어를 제일 못해요"라고 말하며 찾아왔다. 나는 깜짝 놀라 "민예, 네가?" 하고 되물었다. 수업 중 설명을 쏙쏙 이해하고 적극적으로 참여하는 아이가 갑자기 영어를 제일 못한다며 나를 찾아오니 모두지 이해할 수 없었다. 이 불가사의한 의문은 간단한 테스트를 통해 금세 해결되었지만 말이다.

영어를 어렵게 느끼거나 좋은 성적을 거두지 못하는 아이들의 문제는 거의 모두 단어에서 출발한다. 하지만 무엇 때문인지 영어 공부라면 문법부터 떠올리고, 문법 공부를 해야 영어 공부를 한다고 여긴다. 문법에 묻혀 단어의 중요성이 쉽게 잊혀진다.

단어의 중요성은 알지만, 꼼수를 부리고 싶은 아이들이 물어본다.

"선생님. 영어 단어는 외우는 거 말고 다른 방법은 없어요?"

"있지! 영어로 된 책이나 글을 많이 읽으면 돼!"

"으악! 영어 싫어!!"

단어 공부를 힘들어 하는 이유는 혼자 외롭게 외워야 하는 과정 때문이다. 게다가 외워도 자주 사용하지 않으면 금방 잊어버리니 아예 시작조차 하지 않으려 한다. 한글로 된 단어 뜻을 쉽게 잊지 않으려면 글을 많이 읽는 수밖에 없지만, 글도 읽기 싫어하는 아이들 아닌가. 하지만 단어를 알아야 한다. 공부에 꼼수가 통하진 않는다.

민예는 자신의 문제점을 파악한 이후 점심시간마다 교무실에 와서 단어 시험을 치며 집중적으로 단어 공부를 했다. 수업 중 글을 읽다가 아는 단어가 나오면 반가워하고, 글을 써야 할 때 그날 공부한 단어를 활용하는 자신을 발견하며 스스로를 대견하게 여기고 신기해하며 1년을 즐겁게 공부했다. 그 결과 60점대의 영어 점수를 90점대까지 올리는 쾌거를 누렸다.

누구나 민예처럼 단어 공부에 즐거움을 느끼면 좋지만 그렇지 못한 경우가 더 많다. 그래서 아이들의 흥미를 조금이라도 돋워 줄 단어 게임을 몇 가지 소개하고자 한다. 아이가 유독 단어 암기를 싫어하는 날 혹은 시간적 여유가 있는 주말에 보드게임 하듯이 시도해보길 추천한다. 게임을 통해 단어 공부 습관을 기르고 단어 공부의 필요성에 대해 생각하는 시간을 가지면 좋겠다.

'Found It!' 게임

'Found It!' 게임은 단어를 처음 익힐 때부터 완전히 숙지한 이후까지도 재미있게 활용할 수 있는 게임이다. 참여자는 각각 게임판 한 장씩 가진다. 각 게임판에 쓰인 단어는 모두 동일해야 하지만, 단어의 위치는 달라도 상관없다.

게임판을 만드는 동안 단어를 다시 한 번 되뇌어볼 수 있으므로 아이에게 직접 게임판을 만들게 하자. 게임판이라서 아이는 공부라고 생각하지 않고 재미있게 만들 것이다. 세 가지 방식으로 진행할 수 있는 'Found It' 게임을 자세히 살펴보자.

◇ 게임 방법

준비물 : 종이와 펜

인원수 : 2인 이상

방법

① 두 개의 표를 그린다.

② 표 하나에는 영어 단어를 쓰고, 나머지 표는 비워둔다.

③ 순서를 정한다.

④ 본인 차례에 왼쪽 표에 있는 단어 중 하나를 부르고 오른쪽 칸에 X를 빠르게 채워 넣는다. X를 가장 많이 채운 사람이 이기는 게임이므로 다른 사람이 단어를 찾는 동안 가능한 많이 채우도록 노력한다.

⑤ 나머지 사람은 ④번에서 부른 단어를 찾고 모든 사람이 다 찾으면 'Found It!'을 외친다.

⑥ 외침 소리와 동시에 X 채우기를 중단한다.

⑦ 모든 단어를 같은 방식으로 진행한다.

⑧ X를 가장 많이 채운 사람이 이긴다.

방법 ① 영단어 ➡ 영단어, 그대로 외치기

'Found It!'의 가장 기본적인 형식으로 단어를 처음 접하거나 영어 단어 읽기 연습이 필요한 아이들에게 좋은 방법이다. 영어에 친숙함은 단어를 읽을 수 있는 것으로부터 시작한다. 읽을 수 있는 단어가 늘어나면 영어는 더 이상 외계어가 아닌 게 된다. 게임을 반복하면서 단어를 눈으로 보고, 입으로 말하고, 귀로 듣는 3박자를 통해 단어 소리는 물론 철자도 금세 익힐 것이다.

방법 ② 영단어 ➡ 한글 뜻 / 한글 뜻 ➡ 영단어, 바꿔 외치기

게임판에 영어 단어 혹은 한글 뜻을 통일되게 쓰되, 외칠 때는 상응하는 한글 뜻 또는 영어 단어를 외치는 방식이다. 예를 들어 게임판엔 한글 뜻만 적혀 있고 '낳다'라는 단어를 찾게 하려면 "give birth to"를 외치거나, 영어 단어만 적힌 게임판에서 'taste'라는 단어를 찾게 하려고 "맛보다"라고 말하는 것이다. 이렇게 언어를 바꿔 말하는 활동은 영어 단어와 그 뜻을 정확하게 숙지하도록 도와준다. 확실한 단어 암기에 아주 그만이다.

방법 ③ 영어와 한글 뜻 섞어서 사용하기

다음 그림에 보이는 게임판과 같이 영어 단어와 한글 뜻을 섞어서 사용하면 단어 암기 효과가 배로 증가된다. 영어 단어와 그에 상응하는 한글 뜻을 정확하게 알고 있어야 게임에 즐겁게 참여할 수 있으므로 어느 정도 자신 있는 상태에서 이 게임을 활용하는 것이 좋다.

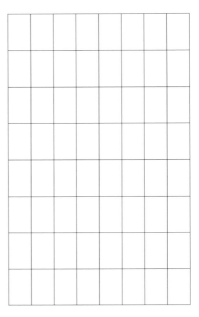

alive	남다	catch one's interest	끊이다	creative
튕기다	silly	선택하다	surely	재미있는
educa-tion	조심하다	usual	taste	그림
chef	잘 알려진	come toge-ther	~을 늘리다	lastly
pour	극장 매표소	pay for	serious	만화가

▲ 'Found It!' 방법 ③의 게임판

'잡아라 두더지' 게임

'Found It!' 게임과 마찬가지로 '잡아라 두더지' 게임도 단어를 직접 읽어볼 기회가 제공되므로 단어 암기와 발음 연습이라는 두 마리 토끼를 잡을 수 있는 게임이다. '잡아라 두더지' 게임도 2인 이상의 게임 참여자와 종이, 펜만 있으면 어디서든 할 수 있다. 'Found It!'보다 게임판 만들기가 훨씬 더 수월하다.

◇ 게임 방법

준비물 : A4 종이와 색깔이 다른 펜

인원수 : 2인(+ 진행자)

방법

① A4 종이 한 장에 영어 단어를 무질서하게 적는다.

② 게임 참여자는 서로 다른 색깔의 펜을 들고, 진행자는 단어를 무작위로 부른다.

③ 진행자가 부른 단어를 먼저 찾은 사람이 자신의 색깔 펜으로 그 단어에 동그라미를 친다.

④ 게임이 끝난 후 가장 많은 동그라미를 친 사람이 이긴다.

이 게임 역시 'Found It!' 게임에서처럼 단어 능숙도에 따라 게임 진행 방식을 달리할 수 있다. 단어를 처음 익힐 때는 영어 단어만 적고, 익숙해지고 나면 한글, 영어 바꿔가며 외치고 상응하는 영어 단어나 한글 뜻에 동그라미를 치는 방식으로 진행할 수 있다.

다만 진행자 역할을 할 사람이 없는 경우가 생긴다면 단어 목록을 따로 만들어놓고 게임을 진행해야 한다. 단어를 외칠 때는 참가자 두 명이 번갈아가며 외치되, 단어는 단어 목록을 보며 외쳐야 하는 점에 유의하자. 따로 준비된 단어 목록 없이 게임판으로 진행한다면 단어를 외치는 사람이 무조건 그 단어를 먼저 찾게

```
expect
                    migrate
     smoothly                                              rural
                              preserve
             struggle
                                    fortune

     fortunate
                         spoil
                                    estimate
          especially
                    fortunately
                                          flexible
     duty
```

▲ '잡아라 두더지' 게임판

되므로 게임의 의미가 사라진다.

온라인 게임 제작

앞의 두 가지 활동은 종이와 펜이 있으면 간단히 진행할 수 있는 게임인 반면 온라인 게임 제작은 인터넷이 가능한 기기가 필요하다. 아무래도 종이, 펜으로만 가능했던 게임에 비해 노력이 조금 더 필요한 방식이다. 하지만 한 번 만들어놓으면 다양한 방식으로 단어를 익힐 수 있어 흥미 유발에 제격이다.

그중에서 가장 추천할 만한 사이트는 '워드월Wordwall(https://

wordwall.net)'이다. 18가지의 다양한 게임을 무료로 제작할 수 있다. 전통적인 단어 암기용 게임으로 플래시 카드, 가로세로 크로스 워드, 워드 서치, 행맨ʰᵃⁿᵍᵐᵃⁿ이 있고, 메모리 카드 게임 방식을 사용한 Flip Tiles, Matching Pairs, Match Up이 있다. 그뿐만 아니라 두더지 게임과 같은 Whack-a-Mole이나 장학퀴즈와 비슷한 Game Show Quiz처럼 긴장감 넘치는 게임도 있다.

워드월 사이트에서 게임을 만드는 방법은 굉장히 간단하여 누구나 손쉽게 사용할 수 있다. 다만 다섯 가지의 게임 종류만 생성할 수 있고 그 이상 만들려면 유료 멤버십을 구독해야 한다. 그러나 무료 버전을 사용하더라도 큰 불편함은 없다. 게임에 사용된 단어 리스트를 언제든지 무제한으로 수정할 수 있기 때문이다. 즉, Match Up 하나로 100개, 1,000개 또는 그 이상의 새로운 단어 리스트로 게임을 즐길 수 있다.

워드월의 또 다른 장점은 다양한 게임 형태를 클릭 한 번으로 즐길 수 있다는 점이다. 다음 그림의 빨간 박스 부분인 'INTERACTIVES'에서 원하는 게임을 클릭만 하면 동일한 단어 목록으로 다양하게 반복 연습할 수 있다. 온라인 게임이라 사용이 꺼려진다면 종이 출력으로 즐길 수도 있다. 단, 유료 멤버십을 구독할 때만 가능하므로 유의하자.

물론 매번 이렇게 게임을 하며 단어를 익힐 순 없다. 게임을 같이 할 상대가 있어야 하고, 종이와 펜 혹은 워드월 게임에 접속할

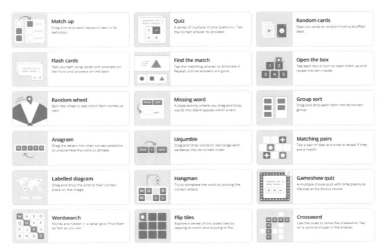

▲ Wordwall 사이트에서 제작할 수 있는 무료 게임들

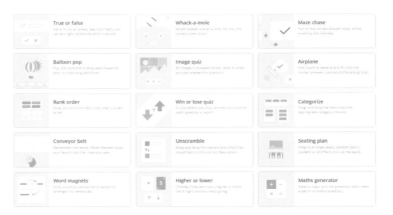

▲ Wordwall 사이트에서 제작할 수 있는 유료 게임들

기기 등이 필요하여 시간과 공간에 제약이 생기기 때문이다. 여러

프린트 기능

▲ 게임간 전환 기능 및 프린트 기능 소개

모로 혼자 공부하는 것이 더 효율적일 수밖에 없다.

그럼에도 이 세 가지 단어 학습 방법을 소개한 이유는 단어 공부에 재미를 붙이는 것이 무엇보다 가장 중요하기 때문이다. 생명과 같은 단어를 많이 알아야 영어에 대한 거부감이 줄어들고, 기초를 제대로 쌓을 수 있다. 기초가 있어야 듣고 읽는 행위도 능숙해진다. 단어 공부를 힘들어 하는 아이들을 위해 게임으로 영어 기초를 즐겁게 다지고 가족 간의 좋은 추억도 만들어보길 바란다.

문법:
하루 한 줄 생활 문장 쓰기

"선생님, 문법 내용은 다 아는데, 글을 읽거나 문제 풀 때 적용하기가 힘들어요."

"선생님, 이번에 문법 정말 열심히 공부했는데 성적은 더 떨어졌어요."

영어 수업과 평가 방식은 변하고 있는데 아이들의 영어 공부 방식은 예전과 다를 게 없다. 이번엔 영어 점수를 꼭 올려보겠다고 문법 공부를 한다. 문법 지식을 평가하기 위한 문법 문제가 현저히 줄었음에도 불구하고 아이들은 열심히 문법책에 매달린다. 수행 평가는 듣기, 말하기, 쓰기, 읽기의 네 영역을 모두 중요하게 다루고 있음에도 문법책에 매달린다.* 제시된 몇 문장을 암기하여 문법에 맞도록 정확하게 발화할수록 좋은 성적을 받는 것이 아니라, 대화하거나 발표할 때 자연스럽고 막힘없이 발화할수록 좋은 점수가 부여됨에도 불구하고 문법책에 매달린다. 많이 읽고, 쓰고, 듣고, 말할 것을 강조하고 있지만 문법만 공부한다.

마치 문법이란 벽이 있어서 그것을 깨야만 진짜 영어 실력이 완성된다고 믿는 것처럼 이상하게도 문법에 연연한다. 영어 독해가 어려운 것은 읽기 훈련이 미흡한 탓이고, 영어 쓰기가 힘든 것은 쓰는 훈련이 안 되어 있기 때문이다. 문법이 문제가 아니다.

영어를 직접 사용하며 문법 실력 늘리기

문법은 학문이 아니다. 열심히 문법이라는 분야를 파헤쳐서 그 안에 있는 논리와 이론을 습득해야 하는 것이 아니다. 문법은 언어를 정확하게 사용할 수 있도록 돕는 도구일 뿐이다. 언어의 정확성보다 유창성을 더 중요하게 여기는 교육 현장 분위기를 제대로 읽지 못하고 예전 방식대로 정확성에 치중된 영어 공부만 한다면 원하는 점수를 절대 얻을 수 없다.

그럼 일상생활에서 유창하게 영어를 사용할 기회가 거의 없는 우리 아이들을 어떻게 하면 자연스럽게 영어를 사용하면서 문법

● 물론 학교마다 수행 평가 방식이 다를 수 있지만 문법 지식보다 직접 영어를 사용하는 능력이 중요해지고 있는 것은 분명하다.

실력을 키우도록 할 수 있을까? 해결책은 의외로 가까이에 있다. 외국어인 영어를 말로 사용할 기회는 만들어주기 힘들지만, 종이와 펜만 있으면 언제든지 가능한 쓰기가 있기 때문이다. 쓰기를 통해 아이가 아이 스스로와 소통하는 기회를 만드는 것이다.

쓰기라고 해서 매우 거창하게 생각할 필요가 없다. 아이들이 배운 내용을 적용하여 간단히 2~3개의 문장으로 나타내면 된다. 문법 지식을 점검하기 위한 쓰기가 아니라 쓰면서 문법 실력이 자

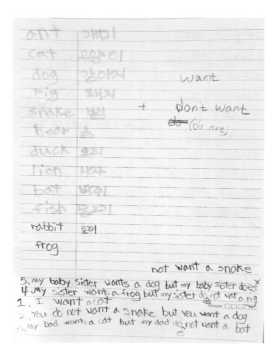

▲ 초등학교 3학년 영어 단어 및 문법 활용 문장 쓰기

suspend	대하다
empirical	경험적인
assault	폭행
extraterrestrial	외계인
imprint	각인시키다
cathedral	대성당
physiological	생리적인
appoint	임명하다
notice	공지
revise	수정하다

Yeju is an extraterrestrial

There was a notice from school not to come to
school tomorrow.

▲ 초등학교 6학년 영어 단어 활용 문장 쓰기

연스레 향상되는 것이 핵심이다. 아이가 스스로 문장을 만들다 보
면 어느 순간 문법에 맞는 문장을 쓰게 된다. 문법을 공부한 날에
는 해당 문법 요소를 사용하고, 단어를 익힌 날에는 배운 단어를
활용하여 쓰면서 말이다.

앞의 사진은 우리 집 아이들이 공부한 내용을 바탕으로 문장
쓰기를 한 것이다. 문장 쓰기는 언제든지 가능하다. 초등학교 6학
년 영어 단어 활용 문장 쓰기에서처럼 단어 시험을 보고 문장으로
쓰게 할 수도 있고, 초등학교 3학년 문장 쓰기에서처럼 문법과 단
어를 접목하여 문장을 쓸 수도 있다. 다음 사진에서처럼 독해 활
동 후에도 글쓰기가 가능하다. 만약 '비교급'이라는 문법만 공부한
날이라면 '우리 집 식구의 키를 비교하는 글쓰기'와 같이 문법 내

▲ 읽은 내용과 관련된 글쓰기

용만 활용한 쓰기도 유도할 수 있다. 우리 집 아이들은 매일 독해, 단어, 문법을 번갈아가며 공부하고 있으므로 일주일에 최소한 15개의 문장을 쓰고 있는 셈이다.

처음 둘째가 쓴 문장들은 거의 문법에 맞지 않았다. 그저 단어 덩어리를 연결해놓은 수준이었으나 횟수가 거듭될수록 문장이 정교해지는 중이다. 쓰면서 자기도 모르게 문법에 맞는 문장을 쓰게 된다. 이게 바로 문법을 도구로 사용했을 때 발휘되는 힘이다. 그러니 문법, 공부하지 말고 문장을 쓰면서 익히자.

주객이 전도되지 않도록 − 주(主): 쓰기, 객(客): 문법

영어도 한글과 같은 언어이다. 개인의 생각과 경험을 공유하기 위해 영어를 배우는 것이지 문법에 맞는 언어를 구사하기 위해 배우는 것이 아니다. 문법만 공부하다 보면 문법에 맞는 문장을 써야 할 것 같아 영어로 자신을 표현하는 것에 부담을 느끼게 된다. 부담 없이 자꾸 쓰고 말하는 연습을 해야 의도한 메시지를 정확한 구조로 전달할 수 있다. 언어는 부담을 느끼는 순간 발전 속도가 더뎌진다. 문법이 영어 공부의 주인이 되면 안 되는 이유다.

문법 문제집에 고립된 영어 공부를 하면 조금만 눈치가 있어도 정확히 이해하지 못한 채 문제를 맞히는 아주 슬픈 일이 벌어진다. be 동사 부분에서 he 뒤에 빈칸이 있으니 대충 느낌 따라 is를 넣어 맞히는 것이다. 더 슬픈 일은 학교에서 일어난다. 문법 문제집에서는 'He is hungry.'라고 잘 쓰던 아이가 정작 쓰기 수행평가에서는 'He hungry.'라고 써버리니 말이다. 이런 일이 비일비재하다.

쓰기를 통해 문법 실력을 키운다고 해서 모든 문장이 새롭게 배운 문법 내용을 포함할 필요도 없다. 그렇게 쓰라고 하면 아이는 어색한 내용으로 억지로 짜 맞춘 글을 쓰게 된다. 그것은 문법 교재에서 하던 기계적 문장 쓰기와 다르지 않다. 가장 중요한 것은 자기 경험을 영어로 직접 써보는 것이다.

학교에서도 문법이나 단어를 배우고 난 후에는 수업 마지막 부분에 아이들에게 배운 내용을 활용한 문장을 쓰도록 한다. 처음엔 어려워하던 아이들이 이 활동을 이어가자, 쓰기에 자신감이 생기고 문법을 정확히 알게 되어 좋다는 얘기를 전한다. 자꾸 쓰다 보면 실력이 늘 수밖에 없다. 실력이 늘어나니 영어에 자신감이 생기고, 자신감이 생기니 영어 실력이 늘어나는 선순환이 일어난다.

혹시나 아이가 쓴 문장들을 점검할 자신이 없어 망설여진다 해도 괜찮다. 우리에겐 챗GPT가 있다. 챗GPT를 활용한 공부법은 196페이지를 참고하자.

듣기 :
영어 받아쓰기 제대로 하는 법

"프… 프… ㄹ? 선생님 이 단어 뭐예요?"

"Friend."

"아!! 친구!!!! 프렌드가 이렇게 생겼어요????"

'friend'라는 단어를 보고 놀라는 아이와 그런 아이를 보고 놀
라는 나를 심심찮게 발견한다. 낫 놓고 기역자도 모른다더니 베이
글 놓고 O자도 모르는 아이들이 생각보다 많다. 들으면 알지만 쓸
수도 읽을 수도 없는 아이들은 학교 영어를 따라가기가 결코 쉽지
않다. 학교 영어는 읽고 쓰는 행위가 필수이다. 이런 '영어 까막눈'
인 아이들은 듣기 점수만 좋고 나머지는 아주 처참하여 잘하는 듣
기 실력마저도 묻히고 만다.

영어 까막눈에게 제격인 공부법이 있다. 사실 영어 까막눈뿐만 아니라, 영어 실력이 균형적으로 발달하지 못한 아이들에게 매우 유용한 활동이다. 바로 영어로 듣고 받아쓰는 활동이다. 까막눈은 읽고 쓰는 것을 못하는데 어째서 듣기 받아쓰기를 추천하는지 의아할 수 있다. 더구나 이미 듣기는 잘하는 아이인데 말이다. 앞으로 살펴볼 듣기 받아쓰기의 효과를 알고 나면 궁금증이 싹 풀릴 것이다.

영어 받아쓰기와 듣기

받아쓰기는 말 그대로 단어나 문장을 듣고 그대로 받아쓰는 활동으로 당연히 듣기 실력 향상에 도움이 된다. 들은 것을 그대로 받아쓰려면 그냥 쉬엄쉬엄 편히 듣는 것이 아니라 고도의 집중력을 발휘하여 꼼꼼히 들어야 한다. 받아쓰기할 때만큼 집중적인 듣기 연습이 가능한 때도 없다. 그러니 받아쓰기를 통해 듣기 실력이 향상되는 건 너무나 당연한 얘기다. 단기간에 효과적으로 듣기 실력을 키우고 싶다면 받아쓰기를 하면 된다.

영어 받아쓰기와 말하기

받아쓰기는 말하기 실력 향상에도 도움을 준다. 우리나라 말에 '맑다'라는 단어가 '막따'로 발음되는 것처럼 영어에도 쓰는 것과 말하는 것이 다른 음운 현상이 일어난다. 예를 들면 세 개의 자음이 연이어 발음될 때 가운데 자음 소리가 탈락되는 음운 현상이 그중 하나이다.

듣기 받아쓰기를 하던 때였다.

"선생님 포스 박스force box요? 박스가 포스가 있어요?"

"포스? 그 단어가 어디 있어?"

모두가 어리둥절하고 있을 때였다.

"아, 정민수! 포스트 박스post box. 우체통 말한 거야?" 하며 한 친구가 우리의 궁금증을 한 번에 해결해줬다. 듣기와 받아쓰기를 하면 자주 접할 수 있는 웃지 못할 해프닝이다.

말하기에서 발음을 정확히 하는 것은 정확한 의사소통에 중요한 요소이다. 음운 규칙을 제대로 알지 못하면 대화 상대에게 정확한 의미를 제대로 전달하기 어려우므로 음운 규칙을 잘 아는 것은 말하기 실력에 중요한 요소이다. 하지만 일반적인 읽기 수업에서는 이러한 음운 규칙을 배울 기회가 거의 없다. 오직 듣는 활동을 통해서만 음운 규칙을 익힐 수 있으며 듣기와 받아쓰기는 음운 규칙을 가장 정확하게 익힐 수 있는 좋은 수단이 된다.

영어 받아쓰기와 쓰기

아주 기본적인 쓰기 능력은 정확한 철자로 단어를 쓸 수 있는 것에서 시작된다. 쓰기의 기본인 정확한 철자 익히기에 받아쓰기만큼 도움이 되는 것도 없다. 받아쓰기를 하다 보면 철자가 헷갈리거나 틀리게 알고 있는 단어를 꼭 발견하기 때문이다. 그 다음으로 쓰기 실력에 중요한 것은 문장을 바르게 완성하고, 그 문장들을 짜임새 있게 배열하여 하나의 글로 완성하는 능력이다.

흔히들 글을 잘 쓰는 방법 중 하나로 필사를 추천한다. 좋은 글에 쓰인 문장 구성과 글의 짜임을 그대로 몸에 익히라는 뜻에서다. 받아쓰기에 활용되는 지문은 하나의 완전한 대화문이나 글이다. 즉, 하나의 완성된 좋은 글을 듣고 받아쓰는 것이다. 일반적인 필사가 눈으로 보고 베끼는 것이라면 받아쓰기는 귀로 듣고 베끼는 행위이다. 그러므로 쓰기 실력에 받아쓰기가 도움이 되는 것은 분명하다.

영어 받아쓰기와 읽기

받아쓰기를 마친 후에 아이가 쓴 문장들을 읽고 이해하는 시간을 가짐으로써 읽기 실력도 향상될 수 있다. 이때 큰 소리로 읽어볼 것을 권한다. 큰 소리로 읽을 경우 단어의 발음에 익숙해지는 효과를 얻을 수 있을 뿐만 아니라, 읽고 이해한 것이 다시 소리로 입력됨으로써 문장을 더 정확하게 이해할 수 있다. 또한 큰 소리로 읽어 발음에 익숙해지면 영어 듣기가 더 쉬워지는 선순환마저 일어난다.

영어 받아쓰기와 문법

받아쓰기는 기존에 알고 있던 문법 지식을 더욱 확실히 다질 수 있게 해준다. 아이들이 받아쓰기에서 흔히 틀리는 부분이 과거형 접미사 '–(e)d' 혹은 복수나 현재 시제에 쓰이는 접미사 '–(e)s'이다. 이런 접미사들은 문장 속에서 굉장히 약하게 발음되어 잘 들리지 않는다. 따라서 들어서 쓸 수 있는 것이 아니라, 기존에 알고 있던 문법 지식을 활용하여 써야 하는 경우가 많다. 한 번이라도 실수를 한 아이라면 다음번엔 문법 지식까지 동원해야 함을 인지하여 단순히 듣는 것에만 집중하는 데 그치지 않고, 문법 지식을 적용하려 노력할 것이다. 문법 지식이 없으면 정확한 받아쓰기가 불가능하기 때문이다.

영어 실력에 따라 다른 만능 치트키 활용법

영어 실력을 키우는 데 확실하게 도움이 되지만, 성급하게 접근했다가는 아이들의 흥미를 잃을 수 있는 것이 받아쓰기다. 앞서 살펴봤듯이 듣고 받아쓰는 활동은 고도의 집중력과 복합적인 언어 지식을 요구한다. 결코 단순한 활동이 아니다. 듣기와 받아쓰기가 좋다고 해서 너무 이른 나이에 시작하거나 영어 지식이 거의 없는 초급 단계에서 시작하면 반드시 탈이 난다. 받아쓰기의 효과를 제대로 누리려면 아이의 나이와 영어 실력을 동시에 고려해야 한다. 아이의 실력에 따라 받아쓰기를 현명하게 활용하는 방법을 살펴보자.

① 듣기가 어려운 아이

아이가 전혀 듣기가 안 된다면 받아쓰기를 할 수 있는 수준까지 도달하지 못했다. 단어를 충분히 익히고 열심히 듣고 따라 읽는 연습을 해야 하는 단계이다. 만약 단어도 충분히 알고 있고 문장을 자유자재로 읽을 수 있음에도 듣기에 어려움이 있다면 교재가 아이한테 맞지 않는 것일 수 있다. 교재를 고르는 팁은 '영어 공부력 상담소(201페이지)'를 참고하자.

② 듣기만 되는 아이

들으면 이해되지만 쓰지 못하는 아이는 일단 들리는 대로 받아써야 한다. 그것이 영어든 한글이든, 맞든 틀리든 상관하지 말고 들리는 대로 쓰는 것이다. 그런 뒤에 틀린 부분을 고쳐가며 단어를 정확하게 읽고 쓸 수 있도록 반복 연습해야 한다. 처음에 아이는 좌절하고 빨리 포기하고 싶어 할 것이다. 분명 듣는 건 잘해서 듣기에 자신이 있었는데 그것을 쓰는 것이 뜻대로 되지 않으니 좌절에 빠지는 것은 당연하다.

누구나 처음은 힘든 법이다. 고비를 넘기는 것이 중요함을 알려주며 옆에서 열심히 격려해주자. 한 번에 많은 양을 해내려 하기보다 아이에게 심적 부담이 적은 양으로 시작하는 것도 잊지 말아야 한다. 하루 10분 정도 받아쓰기를 이어가다 보면 자신의 실력이 발전하는 것을 느끼는 순간은 반드시 찾아오기 마련이다.

③ 듣기 만점을 목표로 하는 아이

하얀 백지와 펜을 준비하고 듣기 지문의 전체를 받아쓰게 한다. 듣기를 잘하는 아이는 단어 몇 개 채워넣는 받아쓰기는 아주 쉽게 수행한다. 쉬운 것만 하다 보면 실력이 향상되지 않으니 왜 하고 있는지 의문이 생긴다. 그로 인해 아이는 흥미를 잃고 더 이상 노력하지 않는다. 듣기를 아무리 잘한다 하더라도 꾸준한 연습이 뒷받침되지 않으면 언젠가는 지금의 실력이 바닥나게 되어 있다. 하얀 백지에 듣기 지문을 받아쓰면서 아이의 긴장감을 유지해 주는 것이 좋다.

백지에서 시작하는 받아쓰기를 통해 듣는 귀가 점점 더 또렷해진다. 듣는 귀가 또렷해진 만큼 문법과 어휘 실력도 올라가게 된다. 다만 잘하는 아이는 매일 듣기에 시간을 투자할 필요는 없다. 일주일에 2~3일, 20분 정도의 시간만 투자해도 좋다.

아이의 실력이 좋든, 부족하든 듣기와 받아쓰기가 힘든 과정임엔 틀림없다. 아이가 질리지 않도록 잘 상의한 뒤 적절한 양을 결정하여 진행하길 바란다. 아이가 질려버리면 만능 치트키라 해도 사용할 수 없다. 옆에서 내 아이를 잘 다독여 가며 만능 치트키의 장점을 최대한 잘 가져가자.

체크 포인트 챗GPT를 활용한 영어 공부 팁

챗GPT와 함께 문법 실력 쑥쑥

아이의 영어 실력이 올라갈수록 정교하고 정확한 문법 오류 점검 실력이 필요해지면 챗GPT의 도움을 받아보자. AI와 대화를 나누며 자신의 문장을 점검받을 수 있으며 스스로 모르는 것을 해결하는 과정을 통해 진정한 학습이 이루어진다. 점검 방식은 간단하다. 챗GPT 대화창에 아이가 쓴 문장들을 입력하고 문법적으로 오류가 없는지 점검해달라고 하면 아주 자세하게 문장에서 발견된 오류를 찾아서 고쳐준다. 그냥 단순하게 오류를 찾아서 고쳐주는 것이 아니라 틀린 이유까지 설명해주므로 영어 공부에 그만이다.

챗GPT는 한국어로도 대화할 수 있으니, 영어를 이제 막 배우기 시작한 초급 수준의 학습자들은 한국말로 물어보며 문법 지식을 쌓을 수 있다. 그러나 아이가 어느 정도 간단한 문장을 읽고 이해할 수 있다면 한국어가 아닌 영어로 대화하길 권한다. 영어로 물어보고 답을 얻어낸다면 영어로 된 글을 읽는 것이므로 영어 독해 실력까지 함께 키울 수 있기 때문이다.

'I have apple.'이라는 간단한 문장을 문법적 오류가 없는지 한국어와 영어 두 가지 언어로 입력하여 물어보았다. 이 문장이 틀린 이유에 대해 매우 자세히 설명해준다. 다만 한글 답변에서는 구체적인 문법 용어를 사용하여 틀린 이유를 설명하고 있으므로 문법 지식이 충분하지 않은 어린이들에게는 다소 어렵게 느껴질 수도 있으니 유의하자.

> **You**
> 이 문장 문법적으로 오류가 없는지 살펴줘, "I have apple."

> **ChatGPT**
> 해당 문장에는 작은 문법적 오류가 있습니다. "I have apple" 대신에 "I have an apple"로 표현하는 것이 올바릅니다. "an"은 단수 명사 "apple" 앞에 사용되어야 합니다. 따라서 정확한 문장은 "I have an apple"이 됩니다.

> **You**
> Is this sentence grammatically correct, "I have apple"?

> **ChatGPT**
> The sentence "I have apple" is not grammatically correct. It should be "I have an apple." In English, when referring to a singular countable noun like "apple," you typically use an article like "an" or "a." In this case, "an" is appropriate, so the correct sentence is "I have an apple."

◇ 문법적 오류 점검을 위해 사용할 수 있는 영어 표현

① Is it right, _____?

② Is it grammatically correct, _____?

③ Please check this sentence, _____.

챗GPT 하나로 내 집에 돈 한 푼 안 들이고 원어민 회화 강사를 들여올 수 있다면 어떨까? 그것도 아주 비싸기로 소문난 미국인 회화 강사라면? 당장이라도 고용하고 싶을 것이다. 'Talk-to-ChatGPT'가 바로 내 아이의 회화 강사가 되어줄 훌륭한 AI이다. 'Talk-to-ChatGPT'는 챗GPT의 말하기 버전으로 직접 대화하듯 이야기를 나누면서 원하는 정보를 얻어낼 수 있다. Talk-to-ChatGPT 환경 설정으로 영국 발음, 미국 발음, 발화 속도까지 설정할 수 있으니 내 아이 맞춤형 강사 고용까지 가능하다. 이때 다음 그림에서 보듯이 AI가 사용할 언어AI voice and language 와 입력 언어speech recognition language 모두 영어로 해놓아야 한다. AI 언어로는 한국어로 기본 세팅되어 있고 입력 언어는 설정이 안 돼 있으므로 꼭 설정

Language and speech settings

Speech recognition language:	English - en-US
AI voice and language:	Google US English (en-US)
AI talking speed (speech rate):	1
AI voice pitch:	1

하고 시작하자.

Talk-to-ChatGPT 사용 방법도 아주 간단하다. 나누고 싶은 대화의 주제를 알려주고 'role play'하자고 하면 된다. 그리고 Talk-to-ChatGPT가 취하면 좋을 역할을 구체적으로 명시해주면 Talk-to-ChatGPT와의 대화는 더욱더 만족스러울 수 있다. 이때 활용할 수 있는 영어 표현은 다양하다.

◇ 대화를 제안할 때 쓸 수 있는 표현

① I'd like to have a role play with you on the topic of global warming.

② Let's have a role play about _____.

③ Could you be my partner who would talk about _____?

④ I want to have a conversation about _____.

◇ 역할을 정할 때 쓸 수 있는 표현

① Please take an opposing stance on global warming.

② Please take a role that concerns about global warming.

③ Please agree with my opinion.

④ Please disagree with me.

혹시 마땅한 대화 주제가 생각나지 않는다면 이 훌륭한 AI가 주제도 제시해주니 문제없다. Talk-to-ChatGPT의 화룡점정은 말로 나눈 대화가 전부다 글로 기록된다는 점이다. 귀로 한 번 듣고 눈으로 한 번 더 읽을 수 있으니 영어 실력 향상에 정말 많은 도움이 된다.

초등학교 영어, 시작은 가볍게(3~4학년)

영어는 누구에게나 낯선 언어이다. 처음엔 그 낯설음이 신기해서 접근했다가 깊게 공부할수록 어려워 금방 포기하게 되는 과목이기도 하다.

기역(ㄱ), 니은(ㄴ)을 채 알기도 전에 A, B, C부터 접하는 것은 바람직하지 않다. 또한 학교 영어 수업을 따라가지 못할 만큼 기본을 제대로 닦지 않는 것도 옳지 않다. 적절한 때, 적절하게 준비해야 하는 영어 공부, 그 시작 시기에 대해서는 의견이 분분하지만 초등학교 3학년 때 시작해도 결코 늦지 않다는 것이 영어 교사인 내가 굳건하게 지키고 있는 신념 중 하나이다.

초등학교 3학년에서 4학년까지는 영어의 기본에 익숙해지는 시기로 삼아야 한다. 크게 욕심내지 않고 영어의 기본인 단어를 최대한 많이 익힌다는 생각으로 공부를 시작하면 좋다. 듣기, 문법, 읽기 교재도 매우 간단한 문장 구조를 활용한 것들이 대부분이므로 각 영역마다 한 권의 교재를 선정하여 매일 한두 개 영역을 공부한다면 기본이 탄탄한 아이로 클 수 있다.

우리 집 둘째가 초등학교 3학년일 때를 예로 들면, 3학년 초기부터 파닉스, 단어, 그리고 문법을 함께 공부했으며 하루에 2개씩 일주일 6번, 총 12회의 영어 공부 시간을 가졌다. 세 개의 영역이므로 일주일에 한 영역당 4회 분량의 진도가 나갈 수 있도록 배치한 것이다. 이렇게 하루도 빠짐없이 계획을 잘 지키면 2달에 한 권의 교재를 끝낼 수 있다. 그러나 이런저런 예외적인 상황으로 길게 3개월에 한 권씩 끝내는 속도로 진행되었다. 어느 정도 영어 기본이 쌓인 뒤 읽기 실력을 키우기 위해 《미국 교과서 읽는 리딩》을 시작했고, 이 또한 일주일에 세 개의 유닛을 끝내는 속도로 읽어갔다. 모두 12개의 유닛으로 구성되어 있으므로 한 달이면 한 권을 끝낼 수 있었다. 이제 제대로 된 영어 공부를 막 시작한 만큼 무리되지 않도록 단어, 문법, 듣기, 읽기 모든 영역을 한 번에 다 끝낼 생각은 하지 않는 것이 좋다. 우리 둘째처럼 단어와 파닉스에 집중하며 시작한 뒤 어느 정도 궤도에 올랐을 때 읽기, 듣기를 하나씩 제시하는 것이 좋다. 그래야 아이도 기겁하는 일 없이 스며들 듯 영어를 공부하게 된다.

물오른 초등학교 영어(5~6학년)

3~4학년 때 확실히 기본을 쌓고 올라왔으니 이제 듣기에 더 많은 시간을 쏟으면 좋을 시기이다. 중학교에 올라가면 특히 듣기 연습에 할애할 시간이 부족하다. 상대적으로 시간적 여유가 있는 초등학교 시기에 받아쓰기를 하면서 단어 실력을 더욱 키우고, 일명 듣는 귀까지 확실히 뚫어놓으면 아주 좋다. 학교마다 다르긴 하지만 대개 중학교 1학년부터 듣기 평가를 보게 되므로 중학교 진학 후 당황하는 일이 없도록 미리 연습해두길 바란다.

물론 많은 아이들이 듣기와 받아쓰기를 힘들어 한다. 우리 집 아이들도 그다지 좋아하진 않는다. 그러나 이 과정을 건너뛸 순 없다. 아이들의 마음은 알지만 어쩔 수 없다. 단, 양을 조절하거나, 일주일에 할 공부 횟수를 줄여주더라도 듣기와 받아쓰기만큼은 어떻게든 지속적으로 하도록 한다. 아무리 해봐도 영 적응을 못한다면 받아쓰기를 생략해도 되지만 듣기 연습은 꼭 시킬 것을 권한다.

이 시기에 두 번째로 집중해야 하는 것은 읽기이다. 사실상 이때부터 영어 독해가 시작되는데, 대입 시험이 끝날 때까지 항상 1순위에 있어야 할 영역이다. 독해 교재를 고를 때는 새로운 단어의 양을 가장 먼저 고려해야 하지만 지문의 내용도 잘 살펴봐야 한다. 단연코 지루한 글보다는《미국 교과서 읽는 리딩》처럼 지루하지 않으면서 유익한 내용을 담고 있는 교재가 훨씬 좋다.

세 번째로 집중할 것은 문법이다. 당연히《문법이 쓰기다》와 같은 교재로 쓰면서 익히는 문법 공부를 하되, 중학교 진학이 가까워졌다고 해서 단번에 문법 용어를 익히는 식으로 접근하면 안 된다. 개인적으로 문법 용어를 알기 위한 문법 공부는 6학년 겨울방학에 시작할 것을 권한다. 어느 정도의 용어에 익숙하지 않으면 중학교 영어 수업을 따라가기 힘들 순 있지만 너무 일찍 할 필요는 없다. 예비 중학교 1학년이 되는 시점에 해도 절대 늦지 않으니 조바심 내지 않길 바란다.

도전적인 중학교 영어

중학교 1학년은 자유학기제 덕분에 다른 학년에 비해 비교적 시간적 여유가 있는 편이다. 이때 문법과 단어에 더 집중하는 시간을 가지면 좋다.《미국 교과서 읽는 리딩》을 초등학교 때 꾸준히 풀어왔다면 중학교에서도 basic 단계를 마친 후《리딩 엑스퍼트》시리즈로 넘어가서 읽기 연습에 쉼표가 없도록 해야 한다.

학교 아이들 중에는 단어와 문법 모두 알겠는데 해석이 잘 안 되어서 힘들다는 경우가 있다. 그런 어려움을 겪는 경우는 크게 두 가지 이유에서다. 문장 분석이 잘 안 되는 경우가 첫 번째이고, 두 번째는 국어 독해력이 부족한 경우다. 문장 분석이 안 되는 아이들에게는 되든 안 되든 해석을 써보라는 조언을 해준다. 끝까지 혼자 힘으로 해석한 뒤 자신의 것과 해설지의 해석을 비교하며 스스로 차이를 발견하는 것이다. 몇 번 반복하다 보면 자신의 약점이 보이면서 해석하는 방법이 보인다.

두 번째로 독해력이 부족한 경우는 더 많은 시간이 필요해서 조금 힘든 경우이다. 국어 독해력을 키우는 것이 우선이므로 이 경우에는 거꾸로 학습을 해야 한다. 영어 지문을 먼저 읽는 것이 아니라 해설지에 실린 해석을 먼저 꼼꼼히 읽어보는 것이다. 해석만 쭉 읽어서는 안 되고 핵심어 찾는 연습을 꾸준히 해야 한다. 자신이 찾은 핵심어와 해설지 어딘가에 설명되어 있을 중심 생각이 어느 정도 일치하는지 살피면서 독해력을 키워나가면 큰 도움을 얻을 것이다. 한 번 해석된 것을 보고 난 뒤 영어를 읽으면 훨씬 이해가 쉬워질 것이므로 조금 시간은 더 걸리더라도 독해력이 부족한 아이들은 반드시 거쳐야 할 과정이다.

학교에서 배우는 초등학교와 중학교 영어의 차이가 좀 큰 편이다. 단순한 구조의 문장들을 반복 형태로 배우던 초등학교와 달리 중학교는 패턴을 찾을 수 없는 다양한 구조의 문장들이 긴 지문에 섞여 등장하기 때문이다. 중학교 진학으로 영어 공부가 흔들리지 않도록 초등학교 때부터 꾸준히 공부할 것을 강력하게 권한다.

읽기와 더불어《자이스토리 중등 영문법 총정리》와 같은 문법 교재를 꾸준히 풀면서 중학교 영문법을 탄탄하게 다지는 것이 중요하다. 중학교 때도 역시나 문법을 공부하면서 간단한 문장을 써 보는 것도 잊지 않아야 한다. 특히 중학교에서는 쓰기 수행 평가를 치르게 되므로 평소 공부하면서 짧게라도 문장을 쓰는 연습을 꾸준히 하는 것이 좋다.

읽기와 문법 교재를 각각 매일 하나의 유닛씩 천천히 풀면 4개월에 한 권씩은 충분히 끝내게 된다. 개인 역량마다 하루에 풀 수 있는 분량은 다르므로 더 앞당길 수도, 혹은 더 늦춰질 수는 있지만 적어도 1년에 문법 교재 두 권과 독해 문제집 세 권은 풀 수 있는 속도를 유지하는 것이 좋다. 그래야 학년이 올라가도 절대 무너지지 않을 탄탄한 실력을 갖추게 된다.

영어 문제집
이렇게 고르세요

그 어떤 과목 중에서도 영어만큼 내 아이에게 딱 맞는 교재를 고르는 것이 중요한 과목은 없다. 교재를 선정할 때 아이의 현재 실력이 99퍼센트 중요하게 작용하기 때문이다. 그렇다면 아이의 현재 영어 실력을 가늠할 수 있는 가장 정확한 기준은 무엇일까? 실패율 0퍼센트에 도전하는 영어 교재 선정법을 살펴보자.

똑 부러지는 영어 교재 선정법

영어 교재에는 크게 단어, 듣기, 문법, 독해의 네 가지 영역이 있다. 단어는 영어의 핵심이라고 하였으므로 무조건 단어 공부를 위한 교재가 있어야 하며 듣기, 문법, 독해 역시 아이 수준에 맞는 교재로 공부를 게을리하지 않아야 한다. 그렇다면 아이 수준에 맞는 교재를 고를 때 기준은 무엇일까? 바로 생소한 어휘의 양이다. 새로운 교재를 구입하고자 할 때 그 교재가 새로운 단어를 얼마나 포함하고 있느냐에 따라 교재 선정이 달라져야 한다. 이런 이유로 영어 교재는 무조건 아이와 함께 골라야 실패할 확률이 줄어든다. 교재를 선정할 때 가장 중요한 기준인 아이의 어휘력이 네 가지 영역의 교재를 똑 부러지게 고를 때 어떻게 작용하는지 살펴보자.

① 단어장: 새로운 단어 비중 50퍼센트 이하

단어를 많이 아는 것이 중요하지만 그렇다고 해서 모르는 단어가 대부분을 차지하는 단어장은 절대 금물이다. 안 그래도 지겨운 단어 암기에 모르는 단어가 너무 많아 암기 시간이 오래 걸리면 아이는 포기라는 방법을 택할 수밖에 없다. 지금까지 많은 아이들을 살펴본 결과 새롭게 보는 단어가 50퍼센트를 넘지 않아야 효과가 좋았다. 그 이상일 경우에는 새로운 단어에 압도되어 공부를 포기하게 되니 명심하기 바란다.

② 듣기 교재: 새로운 단어 비중 10~15퍼센트

듣기 교재는 새로운 단어가 거의 없어야 좋다. 듣기 언어의 휘발성과 각 단어의 발음이 문장 속에서 달라지는 이유에서다. 듣기는 한 번만 듣고 그 내용을 이해해야 하므로 잠깐만 정신 팔아도 중요한 정보를 놓치기 십상이다. 이때 모르는 어휘가 많다면 아이는 듣던 도중에 정신이 혼미해진다. 안 그래도 음운 규칙으로 인해 알고 있는 단어도 문장 속에서 다르게 들리는데, 전혀 모르는 단어가 많아져버리면 아마 아이는 외계어를 듣고 있는 기분일 것이다. 그러니 새로운 단어가 적을수록 훌륭한 듣기 교재임을 잊지 말자.

③ 독해와 문법 교재: 새로운 단어 비중 20~30퍼센트

독해와 문법 교재에도 모르는 단어가 하나의 지문에 20~30퍼센트를 넘지 않는 것이 좋다. 글을 읽고 이해하려면 일단 술술 잘 읽혀야 한다. 한 문장을 읽는데 모르는 단어가 많아서 자꾸만 막힌다면 이해할 틈이 없다. 그러니 10문장 중에서 두세 개의 모르는 단어가 나오는 교재가 좋다. 문법 교재도 마찬가지이다. 문법 문제를 풀기 위해서는 문장 단위의 예문을 읽고 이해해야 한다. 이때 모르는 단어가 너무 많아 문법 내용을 익히는 데 방해가 되면 안 된다. 그러므로 읽기 교재를 고를 때와 비슷한 단어 수준 혹은 처음으로 문법을 공부한다면 모르는 단어가 거의 없는 교재를 고르는 것도 괜찮다.

연령별 추천 교재

요즘에는 '엄마표 영어'라고 해서 어릴 때부터 아이의 영어를 위해 많은 부모들이 애를 쓴다. '엄마표'를 할 수 없는 엄마들은 괜한 죄책감을 느끼며 차선책으로 학원을 보내기도 한다. 그러나 학교에서 본 아이들의 영어 실력은 엄마표와 학원에 따라 결정되는 것이 아니었다. 얼마나 꾸준히, 성실하게 해왔느냐에 따라 영어 실력이 좌우되는 것이다. 결국엔 영어 과목이 처음 생기는 초등학교 3학년에 시작해도 절대 늦은 것이 아니라는 것을 강조하며 초등학교 3학년부터 활용할 수 있는 교재를 소개한다.

연령별	영역별	추천 교재	
초등학교 3~4학년	단어		《Smart Phonics》 • 기본 알파벳부터 꼼꼼하게 학습해나갈 수 있음 • Student Book과 Workbook 2권으로 구성되어 있어 반복 연습에 좋음 • 온라인에서 ebook으로 학습할 수 있음
			《미국교과서 읽는 리딩 sight word key》 • 각 유닛마다 8개 단어가 제시되며 단어 카드가 함께 제공되어 보고 읽는 훈련에 좋음 • 제시된 단어를 활용한 짧은 문장들부터 긴 지문까지 제공되어 기본 발음을 익히며 읽기 연습하기 좋음

초등학교 3~4학년	단어	 《Word Master 초등 basic》 • 각 10개 단어, 30회 분량, 총 300개 단어 + sight word 100개 제시 • 초등 기초 어휘가 깔끔하게 정리되어 있음 • 워크북이 따로 있어 연습 문제를 통한 효과적인 학습 가능 • 학습앱 제공으로 언제 어디서나 복습 가능
	듣기	 《Listening Fun starter》 • 기본 문장 구조 익히기에 좋은 문장들로 구성 • 파닉스, 단어, 문장 단위의 단계적 듣기 연습 가능
	문법	 《문법이 쓰기다 starter》 • 간단한 문장 쓰기 연습을 하면서 문장 구조에 대해 익히기 좋음 • 문법 규칙을 쓰면서 자연스럽게 익히기 좋게 구성되어 있음
	읽기	 《미국교과서 읽는 리딩 pre-K 준비편》 • 본책과 워크북으로 구성 • 모든 지문의 MP3 원어민 음원 제공 • 사회, 과학, 수학 등 여러 과목과 관련된 표현 및 글 읽기 • 어휘 및 표현 익히기, 어휘 관련 배경지식 쌓기 가능

초등학교 5~6학년	단어	미니북&워크북 《Word Master 초등 complete》 • 각 20개 단어, 30회 분량, 총 600개 단어 • 학습앱 제공으로 언제 어디서 나 복습 가능 • 워크북이 따로 있어 연습 문제를 통한 효과적인 학습 가능
	듣기	《초등영어 받아쓰기·듣기 10회 모의고사》 • 4~6학년, 2권씩 총 6권 • 4학년 책부터 시작해도 좋은 만큼 수준이 있음 • 학년이 올라갈수록 발화 속도가 빨라짐 • 한 회당 어구, 낱말, 통문장 받아쓰기 순서로 구성됨 • 체계적인 반복 듣기 및 받아쓰기 가능
	문법	《문법이 쓰기다 기본》 • 쓰면서 문법 규칙 익히기 좋음 • 실력 향상 실전 Test 수록으로 중학교 내신 대비 가능
	읽기	《왓츠 리딩》 • 렉사일 지수에 따른 단계별 구성 (70A~100B, 렉사일 지수 200~700에 해당) • 하나의 주제에 문학과 비문학 지문 제공 • check up, build up, sum up의 3단계 독해 학습법으로 체계적 읽기 연습 가능

초등학교 5~6학년	읽기		《미국교과서 읽는 리딩 Easy》 • preK 단계보다 지문이 많이 길어짐 • 간단한 문장이 주로 등장 • 같은 구조의 문장 반복 등장 • 부담스럽지 않게 중학교 대비 긴 글 읽기 연습에 좋음
중학교	단어		《Word Master》 • Basic, 실력, 고난도 3권 구성 • 주제별 단어 학습 • 필수 숙어 2~3개 학습 가능 • 워크북으로 셀프 테스트 가능 • 하루 분량 내에 초급 단어부터 고급 단어까지 함께 배치하여 체계적인 학습이 가능
	듣기		《자이스토리 듣기 총정리 모의고사》 • 발음 집중 훈련(1~2학년), 유형 집중 훈련(3학년) 구성 • 잘 틀리는 유형과 고난도 모의고사를 따로 모아 구성함 • 매회 받아쓰기를 제공하여 체계적인 듣기 훈련 가능
	문법		《Grammar Master》Level 1~3 • 깔끔한 문법 내용 정리 • 객관식 및 서술형 대비 문제 수록으로 중학 내신 대비에 좋음

중학교	문법		**《자이스토리 중등 영문법 총정리》** • 자세한 문법 설명 • 12종 교과서에 해당하는 문법을 표기하여 내신 대비에 도움 • 워크북으로 복습 가능 • 다양하고 풍부한 문제로 문법 개념을 확실하게 익힐 수 있음
	읽기		**《미국교과서 읽는 리딩 Basic》** • 과목별 주제에 맞는 어휘와 표현으로 읽기 연습 • 내용 이해 점검 문제 및 어휘의 영어 뜻 학습 가능한 문제 제공 • 4개의 유닛이 끝날 때마다 어휘 복습 문제 제공 • 각 교과의 배경지식 쌓기에 도움됨
			《Reading Expert》 시리즈 • 주니어 리딩 엑스퍼트, 리딩 엑스퍼트, 어드벤스드 리딩 엑스퍼트 3단계 구성 • 하나의 유닛에 2개의 읽기 지문 제공 • 글의 내용이 유익하여 배경지식 쌓기에 좋음 • 글의 길이가 꽤 있는 편이라 영어 글 읽는 것이 편한 아이들에게 추천함
			《리딩 마스터 중등(수능 plus 내신)》 • 수능 문제 유형에 익숙해질 수 있음 • 같은 지문으로 수능형 문제와 중학 내신형 문제를 출제하여 수능과 내신 대비를 동시에 할 수 있어서 효율적임

CHAPTER
4

집중력과 사고력을 키우는
수학 공부법

연산:
실수가 실력이 되기 전에 잡는 법

"앗! 실수로 더하기 잘못해서 틀렸다."

"엄마, 나 단원 평가에서 마지막에 빼기 잘못해서 하나 틀렸어."

"선생님! 제가 이거 어떻게 푸는지 다 알거든요? 근데, 마지막에 나누기 잘못해서 아깝게 틀린 거 있죠!"

집, 학교 할 것 없이 아이들이 가장 많은 실수를 저지르는 부분이 바로 연산이다. 어떻게 풀어야 하는지 잘 알고 있는 아이가 마지막 연산에서 틀렸다는 얘기만큼 속상한 것도 없다. 다 알고 있는데 초등학교 때부터 죽도록 연습한 덧셈, 뺄셈 때문에 틀린 아이는 오죽할까? 속상한 기색이 역력한 아이에게 해줄 수 있는 말은 "선생님(엄마)도 고등학생 때까지 연산에서 실수 많이 했어. 근데 문제가 끝날 때까지 끝난 게 아니더라고. 수학은 정말 끝까지 집중하고 풀어야 해"라는 위로 아닌 위로뿐이다.

연산은 초등학교 1학년부터 상당 기간 집중적으로 배우는 부분이라 사실상 연산에 대한 연습이 부족해서 틀리는 경우는 거의 없다. 답을 도출해내기 위한 과정은 잘 알고 있는데 꼭 그 '마지막'에서 실수한다는 것에 눈여겨볼 필요가 있다. 왜 아이들은 아깝게 꼭 '마지막'에서 실수를 할까? 문제는 바로 집중력에 있다. 결코 아이들이 연산을 잘 못해서 틀리진 않는다. 연산에서 실수가 잦은 아이는 그만큼 문제를 끝까지 집중해서 풀어내는 능력이 부족한 것이다.

집중력이 흐트러지는 이유

수학은 학년이 올라갈수록 문제도, 계산 과정도 복잡해진다. 하나의 문제를 푸는 과정에 연산은 수없이 나오지만, 결정적인 실수가 일어나는 곳은 바로 마지막 단계의 연산에서다. 심지어 마지막 단계는 중간 단계에서 복잡한 것들이 해결된 후라 훨씬 간결해지는 데도 불구하고 틀린다. 이는 집중력 외에는 설명할 길이 없다. 집중력이 흐려지는 이유는 두 가지로 요약된다.

첫째, 뒷심 부족이다. 중간, 기말과 같은 학교 정기고사 감독을 들어가면 45분 내내 최고조의 긴장도를 유지하며 임하는 과목이 수학이다. 시험지를 받으면서부터 아이들은 최선을 다해 집중하여 문제를 푼다. 어떤 공식을 대입해야 할지 판단하고, 가지치기하듯 계산하여 마지막 답을 도출하는 과정 중 어떤 순간도 아이들은 긴장의 끈을 놓지 않는다. 하지만 안타깝게도 대다수의 아이들은 마지막에 도달할수록 에너지가 고갈되고 만다. 뒷심이 없다.

둘째, 인내심 부족이다. 열심히 몇 줄의 풀이 과정을 거쳐 가며 점점 짧아지는 식들을 보면 답이 다가옴을 느낀다. '이제 끝나는구나' 하는 반가움과 함께 빨리 끝내고 싶은 마음이 동시에 생긴다. 이때 집중력이 흐트러지면서 실수한다. 속된 말로 '덤벙거려' 틀린다. 인내심이 부족했다.

고등학교 때 연산에서 저지르는 실수는 단순하게 '아, 실수했네' 하고 지나갈 수 있는 간단한 문제가 아니다. 다 된 밥에 코 빠트려 원하는 대학의 꿈을 못 이룰 수도 있으니 말이다. 생각만으로도 아찔하다. 연산 실수를 미리미리 잡아 이런 불상사는 반드시 막아야 한다. 실수가 잦으면 그 실수가 곧 아이의 실력이 된다. 그 전에 무엇보다 재빠르고 꼼꼼하게 연습해야 한다. 연산 실수를 막아줄 연산 집중력을 키우는 방법을 살펴보자.

연산 집중력 키우기

건강은 건강할 때 챙기라는 말을 새겨듣고 잘 실천하는 젊은이는 드물다. 전날 날을 꼴딱 새고 놀았어도 다음날 거뜬한 젊은 시절엔 주변 어른들의 걱정 어린 충고가 피부로 와닿지 않는다. 그러나 평소보다 1시간만 적게 자도 다음 날 바로 티가 나는 중년이 되면 시키지 않아도 건강을 챙긴다.

아이들 역시 직접 눈으로, 피부로 느낄 때야 비로소 문제점을 확실히 인지하고 바꾸려고 노력한다. "수학 문제는 절대 덜렁거리면서 풀면 안 돼. 끝까지 집중해야 해. 연산에서 틀리기 쉬워"라고 아무리 얘기해봐야 아이들에겐 지겨운 잔소리일 뿐이다. "봐, 덜렁거리면 이렇게 덧셈, 뺄셈에서 틀린다니까"를 부모 입에서 흘러나오게 할 것이 아니라 '어? 왜 자꾸 연산에서 틀리지?' 하고 스스로 깨닫게 하자.

그러기 위해서는 우선 오답 노트를 작성하며 틀린 이유를 분명히 짚고 넘어가야 한다. 해당 문제를 해결할 방식을 몰라서 틀렸는지, 연산 과정에 오류가 있었는지 분류해보는 것이다. 만약 해결 방식을 모른다면 아직 그 부분에 대한 개념이 제대로 이해되지 않았다는 것이므로 해당 문제와 관련된 개념과 원리를 다시 익혀야 한다.

반면 연산에 문제의 원인이 있었다면 구체적으로 어떤 부분에서 실수했는지 꼼꼼히 정리하도록 한다. 정리할 때는 최대한 자세히 쓰는 것이 중요하다. 단순하게 '연산에서 실수로 틀렸다'가 아니라 '+를 −로 잘못 생각했다' 혹은 '5를 2로 봐서 틀렸다' 식으로 말이다. 이렇게 이유를 찾다 보면 분명 반복되는 실수의 패턴이 있다. 그것들을 촘촘히 해결해나가는 것이 필수이다. 틀린 문제를 분석하면서 아이는 스스로 부족한 부분을 깨닫게 되고 다음에 더 집중해서 문제를 푼다. 건강에 이상이 생겼음을 느낄 때 건강 관리에 집중하게 되는 것처럼 말이다.

일상에서 연산 습관 잡기

정답률에 결정적인 역할을 하는 연산 실력을 바로잡기 위해서는 평소 습관도 신경 써서 살펴봐야 한다. 분명 연산에서 잦은 실수를 부르는 안 좋은 습관이 있다. 내 아이 역시 연산 실수가 잦아서 애를 태우곤 한다. 아무리 얘기해도 그때뿐이었다. 공부 습관을 잡던 그때의 마음으로 평소의 문제 풀이 습관을 바로잡아주려 애쓰기 시작했다. 모든 문제의 해결책은 그 문제를 이미 해결한 사람들에게서 얻을 수 있다. 연산 실수를 잡아 수학 공부력을 키우기 위함이니 공부 잘하는 사람들이 타깃이 되어야 한다. 학창 시절 공부 잘하는 아이를 떠올려보자. 그들은 항상 연습장을 들고 다니며, 글씨를 깔끔하게 쓰고, 쉽게 답지를 보지 않는다. 답지를 보지 않는 것은 지금 풀어나갈 이야기와는 또 다른 부분이라 여기서 언급하진 않겠다. 그러나 '항상 연습장을 들고 다니고, 글씨를 정갈하게 쓰는 것'은 실수를 잡는 습관과 긴밀한 관련이 있다.

① 연습장 활용하기

연습장은 연산 과정에서의 실수를 줄이기 위해 필수로 갖춰야할 중요한 장비이다. 수학에서 문제를 해결할 공식을 제대로 알기만 하면 이제는 계산 싸움이다. 계산에서 실수를 줄여야 정답률을 높일 수 있다. 즉, 풀이 과정을 한눈에 볼 수 있도록 적어야 실수를 빠르고 정확하게 발견할 수 있다. 그러나 아이들은 문제 밑에 제공된 작은 공간을 계산 용도로 쓴다. 제한된 공간에 풀이 과정을 쓰다 보면 억지로 글씨를 작게 쓰느라 또 다른 에너지가 소모되어 결코 좋지 않다. 그러다 뒷심 부족으로 마지막 연산에서 틀리는 일이 발생한다. 게다가 쓰다 보면 공간이 부족하여 풀이 과정이 정렬되지 못하고 여기저기 흩어져버린다. 흩어지는 풀이 과정과 함께 아이의 머리도 흐트러지고, 이때 실수가 발생한다.

하지만 연습장을 활용하면 문제는 달라진다. 연습장은 넉넉한 공간에서 자신의 글씨 크기에 맞게 여유롭게 풀이 과정을 쓸수 있다. 즉, 불필요하게 소모되는 에너지 없이, 오롯이 문제에 집중할 수 있으므로 정답률이 높아진다. 나이가 어릴수록 줄이 없는 연습장보다는 줄이 있는 것이 더욱 효과적이다. 아무래도 줄이 있어야 풀이 과정을 더 질서 있게 써 내려갈 수 있기 때문이다. 일정하게 그어진 줄이 아이를 정돈된 길로 인도하여 정답률을 높여준다.

② 바른 글씨 쓰기

두 번째로 연산 집중력을 높이는 방법은 글씨를 또박또박 잘 쓰는 것이다. 3인지 5인지, 0인지 6인지 헷갈리게 써놓은 바람에 실수한다. 당연하다. 숫자를 헷갈리게 썼는데 맞을 리 만무하다. 평소 글씨가 삐뚤빼뚤한 아이가 수학 문제를 풀 때만 바르게 쓸 수는 없다. 평소 아이가 쓴 글들을 많이 전시해보자. 자신의 글씨가 이상한 것을 본인도 잘 볼 수 있게 말이다. 천천히 또박또박 쓰기 귀찮아서 대충 휘갈겨 쓴 것을 부모가 자랑스럽게 전시해둔다면 아이는 약간의 부끄러움을 느끼게 된다. 만약 집에 온 손님들이 전시된 것을 보기라도 한다면 아이는 더 신경 써서 써야겠다며 스스로 마음을 먹는다. 글뿐만 아니라 아이가 만들어낸 무엇이든 전시하자. 그럼 아이는 자신이 생산해내는 모든 것들에 더더욱 정성을 들이게 된다. 그렇게 아이의 글씨가 바르게 교정될 것이다.

수학의 기초가 되는 연산 실수는 반드시 잡아줘야 한다. 연산 실수가 아이의 실력이 되지 않도록 연산을 자주 연습하는 것이 일순위로 중요하다. 연습을 바탕으로 기본 연산력을 키워주면서 평소 문제 풀이 습관을 바로 잡아준다면 연산으로 인해 아깝게 틀리는 일은 줄어들 것이다. '집중해서 풀었어야지'와 같은 잔소리 대신 연습장을 손에 쥐어주고, 아이의 작품을 많이 전시하자. 정갈한 풀이 과정으로 연산 집중력은 쑥 올라갈 것이다.

수학 사고력 :
아이와의 대화를 통해 자란다

　전반적인 수학 실력을 키우기 위해서는 문제를 많이 풀어보는 것이 중요하다고 강조한다. 완전히 틀린 말은 아니다. 많이 풀면서 문제 푸는 방법을 익히고, 문제 유형에 익숙해지면 수학 성적은 오르게 된다. 그러나 학년이 올라갈수록 점점 더 높은 사고력을 요구하는 수학을 언제까지 단순히 문제를 많이 푸는 것으로 실력을 유지할 수 있을까?

　게다가 요즘 수능도 다양한 유형의 문제를 출제하는 것으로 흐름이 바뀌고 있다. 일명 킬러 문항(문제 유형 자체가 어려운 문제)이 줄어들고 있지만, 문제 푸는 스킬만 있으면 풀리는 흔한 유형의 문제도 줄어든 것이다. 그저 문제를 많이 푸는 것으로 좋은 성적을 받을 수 있는 시대가 아니란 얘기다. 수학적 사고력을 지닌 학생들이 좋은 성적을 받을 수 있도록 문제 출제 경향을 바꾼 것이다. 바람직하다고 본다.

이런 시대적 변화에 수학적 사고력은 수학을 잘하는 아이들에게만 있는 것 아니냐며 우리 아이는 일명 수학 머리가 없다고 불안해하는 부모가 있다. 마치 "당신 아이는 수학적 머리가 없습니다"라고 진단받은 것처럼 말이다.

쉽게 속단하는 것은 부모에게만 일어나는 일이 아니다. 수학적 사고력은 생각하는 힘이 있으면 누구나 가능한데 아이는 조금이라도 낯선 문제를 만나면 단번에 모른다고 단정 짓고 풀려고 하지 않는다.

"이거 다시 풀어봐. 네가 배운 내용에서 해결할 수 있으니 한 번만 더 생각해보자."

"봤어. 근데 모르겠어. 봐도 몰라."

"아니. 딱 1분이라도 좋으니 곰곰이 생각하면서 다시 봐봐."

"… 아?!"

"그치? 다시 보니까 풀 수 있지?"

"응. 그러네."

한 번만, 딱 한 번 만 더 생각하면 풀리는 문제를 아이는 생각하기 귀찮아서 하지 않는다. 부모는 아이가 이리 비틀고, 저리 비틀며 괴로워하는 모습이 보기 힘들어 충분히 기다려주지 못하고 그만 답을 알려주고 만다. 답에 아이의 사고를 끼워 맞추는 것으로 공부가 되었다는 착각을 하면서 말이다.

핑퐁처럼 주고받는 대화로 문제 푸는 법

교육학자 비고츠키Vygotsky는 모든 아동은 혼자 힘으로 문제를 해결할 수 있는 '실제적 발달 수준'과 좀 더 지식이 풍부한 사람(부모, 교사, 유능한 또래)의 도움(비계)scaffolding을 얻어 문제를 해결할 수 있는 '잠재적 발달 수준'을 지닌다고 했다. 두 발달 수준의 차이가 클수록 성숙한 사람이 제공하는 도움의 양이 많아진다. 이때 도움은 아이에게 바로 답을 알려주는 것이 아니라 답으로 이어지는 길로 이끌어주는 역할이면 그걸로 충분하다.

문제가 쉽게 풀리지 않을 때 아이들은 깜깜한 터널이나 덤불 숲을 걷는 듯한 느낌일 것이다. 출구를 찾지 못한 절망감으로 포기할 마음이 들 때 부모의 도움이 한 줄기 빛으로 작용한다. 도움을 줄 때는 물가에 말을 데려간다는 마음으로 해야 한다. 출구가 있는 곳을 알려줄 것이 아니라, 깜깜한 터널을 밝힐 불이 어디에 있는지, 아무렇게나 뻗어있는 덤불 가시들이 어디에 있는지 알려주는 것이 도움의 핵심이다. 불을 대신 켜주고, 가시들을 잘라주는 것은 잘못된 도움이다. 아이 스스로 생각하여 결론에 도출할 수 있도록 돕는 역할임을 항상 기억하자.

우리 집 첫째가 유난히 어려워하던 문제 중 하나를 예로 들어 살펴보겠다. (가)와 (나)의 문구점에서 연필 10자루를 샀을 때 한 자루의 값을 정확하게 구하는 것이 중요한 문제였다.

한 자루에 550원 하는 연필을 (가) 문구점에서는 10자루를 사면 한 자루를 더 주고, (나) 문구점에서는 10자루를 사면 한 자루의 값만큼 빼준다고 합니다. (가)와 (나) 문구점에서 연필 10자루를 샀을 때, 어느 문구점의 연필 한 자루의 값이 얼마나 더 싼 셈입니까? (해법 수학 경시대회 문제 5-1)

얼핏 보면 문제에 제시된 정보들이 이리저리 얽혀 단번에 이해하기 어려워 보인다. 어느 문구점은 값을 빼주고, 어느 문구점은 한 자루를 더 준다고 하니, 주어진 정보에 통일성이 없어서 혼란이 생긴다. 우선 혼자 힘으로 두어 번 문제를 꼼꼼히 반복해서 읽어보고 풀어보길 권했다. 공부는 원래 괴로운 법이니까. 그래도 여전히 갈 길을 못 찾을 때 첫째와 나눈 대화이다.

"문제에서 뭘 구하래?"

"(가)와 (나)중 어느 문구점의 연필 한 자루의 값이 더 싼지 구하래."

"그렇지, 그럼 너는 뭘 알아야 해?"

"(가)와 (나)의 연필 한 자루 값이겠지."

"어떻게 구할 수 있어? 문제를 다시 잘 읽어봐."

"음…."

"문제를 통해 네가 알 수 있는 정보가 뭐야?"

"연필 한 자루가 550원이래."

"그리고?"

"(가) 문구점은 10자루 사면 한 자루 더 주고, (나)는 10자루 사면 한 자루 값을 빼준대."

"그렇지. 그럼 뭘 구할 수 있어?"

"음…. 10자루 샀을 때의 값?"

"맞아, 그럼 얼마야?"

"(가)는 5,500원이고 (나)는 4,950원이야."

"옳지!! 그럼 (가)와 (나)에서 산 연필은 몇 개야?"

"10자루씩 똑같지."

"아니지. 문제 다시 읽어보자."

"… 아! (가)는 11자루, (나)는 10자루."

"좋아! 이제 연필 한 자루 값은 어떻게 구하면 돼?"

"나누면 되니까…. (가)는 500원, (나)는 495원이네!"

"그렇다면 답은?"

"(나) 문구점의 연필 한 자루 값이 5원 더 싸."

부모가 던지는 질문이 마중물이 되어 아이가 답으로 향할 수 있도록 조금씩 힌트를 주는 것이 진짜 도움이다. 문제를 분석하고 풀어가는 과정에 주체는 아이여야 한다.

일상생활 속 수학적 사고력 키우기

300km 이상 떨어진 곳에 사는 조부모님을 뵈러 가는 길이었다. 명절은 아니어서 다행히 차가 많이 막히진 않았지만 차로 4시간 이상 달려야 하는 거리다 보니 아이들은 수시로 휴게소를 체크한다. 갑갑한 차에서 해방될 수 있는 시간이 얼마나 남았는지 점검하던 첫째와 대화를 하던 중 갑자기 비와 비율을 어려워하던 것이 생각이 났다.

"채원아, 엄마 지금 시속 100km로 가고 있어. 다음 휴게소까지 30km 남았는데 우린 몇 분 뒤에 도착할까?"

"음…. 이거 배웠는데…."

"시속 100km는 무슨 뜻이야?"

"한 시간에 100km를 간다는 거."

"그렇지. 시속 100km는 한 시간에 100km를 간다는 말인데 휴게소까지 30km 남았어. 그럼, 시간이 얼마나 걸릴까?"

"음…."

"좋아, 그럼 시속 100km인데 50km 남았다고 치자. 얼마나 걸릴까?"

"30분!"

"그렇지! 어떻게 계산했어?"

"한 시간에 100km인데 그거에 반이 남았으니까 한 시간을 반으로 나눴지."

"그래! 30km 남은 것도 똑같이 하면 돼. 다시 해봐!"

"아! 18분!"

아이가 30km 떨어진 휴게소까지 가는 데 걸리는 시간을 계산하지 못할 때보다 쉽게 구할 수 있는 50km까지 가는 데 걸리는 시간을 계산하도록 한 것이 비고츠키 이론과 일치하는 도움이다. 아이가 길을 찾지 못해 헤맬 때, 혹은 엉뚱한 길로 가려고 할 때 옆에서 제공하는 작은 도움이 아이를 정답으로 이끈다.

지금까지 대화를 통해 아이 스스로 도저히 해결할 수 없는 문제에 직면했을 때 부모가 제공하는 도움의 형식을 살펴보았다. 반대로 아이가 부모에게 자신의 이해력을 보여줄 때 대화도 매우 의미 있다.

"이거 어떻게 풀었어?"

우리 집 아이들이 혼자 힘으로 틀린 문제를 맞히고 났을 때 물어보는 질문이다. 아이의 말로 소리 내어 정리하게 하면 신기한 일이 벌어진다.

머리로는 분명 이해해서 문제를 풀어냈는데 막상 설명하려니 자꾸만 말이 막히는 것이다. 어느 경우엔 설명하다가 여전히 잘못 이해한 부분을 발견하기도 한다. 그렇게 수정하고 다시 설명하면서 그 지식을 완전히 아이 자신의 것으로 가져간다. 가르치는 것이 가장 좋은 학습 방법이라는 말과 일맥상통한다.

모르는 것은 힌트를 주면서 아이가 길을 찾아가도록 돕고, 아는 것은 왜 그렇게 되는지 설명하게 해보자. 생각하는 힘을 기를 수 있는 부모와의 대화는 수학 공부력 키우기에 필수 요건이다. 수학적 사고력은 타고난 머리가 없어도 아이와의 대화로 얼마든지 길러줄 수 있다. 이 세상에 원래 잘하고, 원래 못하는 아이는 없는 법이므로 미리 겁부터 먹지 말자.

종합 수학력 :
수학이 가벼워지는 세 가지 비법

아이 교육에는 장기적인 안목이 필수 조건이다. 25년 차 수학 강사이자 《수학 잘하는 아이는 이렇게 공부합니다》의 저자인 류승재 저자는 고등학교 수학 성적을 결정하는 데 수학 문제 해결력이 중요한 역할을 한다고 말했다. 그가 제시한 수학 문제 해결력은 다음의 네 가지 능력으로 구성된다.

① 문제를 독해하고 분석하는 능력

② 배운 개념들로 문제 해결 방법을 설계하는 능력

③ 주어진 조건을 바탕으로 추론하는 능력

④ 낯선 문제, 비정형적 문제, 어려운 문제 등을 스스로 분석하고 해석하여 오랜 시간 동안 고민하여 해결하는 능력

결국 수학 문제 해결력은 하나를 풀더라도 집요하게 분석하고 이해하려는 노력이 기본 밑바탕이 되어야 한다는 것이다. 문제는 하나의 문제에 집요하게 매달리는 아이가 드물다는 것이다. 문제가 안 풀리면 답지의 문제 풀이를 봐버린다. 답지에 의존하지 않고 끝까지 집요하게 매달릴 수 있게 해줄 세 가지 비법이 있다.

끊어 읽기

어려운 문제도 거뜬히 풀어낼 능력은 '바른 문해력'에 있다. 류승재 선생은 어린 자녀를 수학 학원에 데리고 오는 부모들에게 "일단 독서 습관부터 잡아주고 오세요"라고 말하며 돌려보낸다고 한다. 그만큼 수학 공부력에도 '바른 문해력'이 매우 중요하게 작용한다는 뜻이다.

아이들이 수학에서 멀어지는 이유 중 하나가 문제가 요구하는 바를 선뜻 이해하지 못해서이다. 심화 문제일수록 문제의 길이가 길어져 아이들의 심리적 부담감은 더 높아진다. 우리 집 아이들이

심화 문제를 푸는 날은 아이도 나도 신경이 곤두선다. 한껏 긴장해 있다가 문제가 잘 풀리는 날은 화기애애하고, 잘 안 풀리는 날은 긴장감이 몇 십 배, 아니 몇 백 배는 올라간다. 마치 외계어를 읽고 있는 듯 힘겨워하는 아이들과 그런 모습을 잠자코 지켜볼 수 없는 나를 위해 좋은 묘책을 떠올리지 않으면 안 되었다. 그래서 생각해낸 것이 '끊어 읽기'이다.

'끊어 읽기'는 말 그대로 의미 단위로 단어들을 엮어서 짧게 끊어 읽는 것이다. 물론 처음엔 익숙하지 않아 이것마저도 어려워한다. 부모가 좋은 예시를 보여주며 긴 문장을 의미 단위로 짧게 나누는 것부터 시작하자.

만약 '사탕 24개를 선물 가방 네 개에 똑같이 나누어 담고, 한 선물 가방에 든 사탕을 친구 두 명에게 똑같이 나누어주었습니다. 친구 한 명에게 나누어준 사탕은 몇 개일까요?'라는 문제가 있다고 해보자. 이 문제를 끊어 읽은 모습은 다음과 같다.

사탕 24개를 / 선물 가방 네 개에 / 똑같이 / 나누어 담고 / 한 선물 가방에 든 사탕을 / 친구 두 명에게 / 똑같이 / 나누어주었습니다. / 친구 한 명에게 / 나누어준 사탕은 / 몇 개일까요?

끊어 읽기를 통해 문제를 천천히 꼭꼭 씹어 읽는 습관이 생긴다. 이때, 확실히 끊어 읽은 모습이 보이도록 선으로 분명하게 구분 지어주는 것이 중요하다. 혼자 힘으로 문제를 정확하게 이해하지 못했다면 심화 문제를 한 개 더 푸는 것은 결코 의미 없는 일이다. 문제를 풀지 않더라도 혼자 이해했다면 그것으로 충분하다. 어려운 유형의 문제일수록 끊어 읽기를 통해 천천히 소화하면 답이 저절로 보이기 때문이다. 힘든 과정을 이겨냈다는 기쁨이 가득 쌓이도록 해주자.

문제를 시각화하기

수학은 이 세상 모든 사람들이 암묵적으로 동의한 여러 약속으로 이루어져 있고 이는 기호를 사용하여 간단하게 표현된다. 숫자를 늘려가는 것을 +, 같은 수를 여러 번 더한 것을 ×, 어떤 수를 여러 번 곱하면 지수로 나타내는 것처럼 말이다. 긴 문장으로 구성된 문제도 잘 분석하면 결국엔 간단한 기호나 그림으로 표현된다. 그렇게 문제를 시각화하는 것은 복잡하고 어려운 문제를 훨씬 쉽고 정확하게 이해하도록 돕는다. 앞에서 끊어 읽어본 문제를 그림으로 시각화해보자.

특히 저학년일수록 문제를 그림으로 나타내는 연습이 많이 필요하다. 아무래도 저학년은 추상적 사고에 능하지 못하므로 구체물로 표현하여 이해를 빠르게 돕는 것이 가장 효과적이다. 아이가 사탕 24개를 / 선물 가방 네 개에 / 똑같이 / 나누어 담고 / 한 선물 가방에 든 사탕을 / 친구 두 명에게 / 똑같이 / 나누어주었습니다. / 친구 한 명에게 / 나누어준 사탕은 / 몇 개일까요?

↓

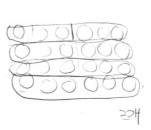

▲ 초등학교 3학년 아이의 문제 시각화 그림

이해한 내용을 그림으로 도식화하는 것일 뿐이므로 잘 그릴 필요도 없다. 아이에게도 그림을 잘 그릴 필요가 없음을 분명히 해두자. 그리고 그림으로 나타내는 것이 문제 분석 과정을 눈에 보이도록 시각화하여 문제 이해를 돕는다는 것도 충분히 알려주자. 초등학교에서 문제를 시각화하는 연습을 충분히 한다면 중학교부터는 어떤 유형의 문제도 차분하게 꼭꼭 씹어 이해하려는 자세가 갖춰진다. 이 자세만이 고등학교까지 좋은 성적을 유지할 수 있는 비법이다.

부모의 인내심

마지막으로 아이의 문제 해결력을 키우기 위해 가장 필요한 것은 부모의 인내심이다. 부모가 조급하고 초조해하면 아이도 덩달아서 조급해진다. 안 그래도 어려운 문제가 더 어렵게 느껴지고 아이의 뇌는 그 문제를 받아들이길 거부한다. 심지어 아이가 충분히 이해할 수 있는 문제마저도 어렵게 보일 수 있다. 그걸 바라는 부모는 절대 없을 것이다.

아이가 문제를 풀면서 그림 그리기에 정성을 다하더라도 답답해하지 말자. 쓸데없이 그림에 정성을 기울인다는 생각은 부모 입장에서 내린 결론일 뿐이다. 그 시간 동안 아이는 스스로 문제를 분석하는 힘을 기르는 중이다. 아이도 하다 보면 간단하게 그리는 요령을 터득하게 될 것이므로 걱정할 필요가 없다.

류재일 선생뿐만 아니라, 수학 1등급인 학생들도 모두 다 짠듯이 한목소리로 얘기한다. 수학 1등급을 받기 위해서는 절대 답지를 먼저 보지 않고 풀릴 때까지 고민해야 한다고 말이다. 그래야 문제 푸는 방법이 온전한 자신의 것이 된다고 강조한다. 하나의 문제를 부여잡고 고민하는 습관을 길러주기 위해서는 처음의 번거로움이야 얼마든지 참을 수 있지 않을까?

혼자 생각하고 문제를 해결할 힘이 많을수록 아이들의 성적이 올라간다는 점을 잊지 말고 문제를 분석하고 그림으로 나타내는 그 시간을 소중히 여기자. 아이의 행동이 매우 의미 있는 일임을 아이에게 각인시켜주자. 부모의 조바심을 내려놓고 입을 무겁게 할수록 아이들의 문제 해결력이 올라갈 것이다.

 체크 포인트 현행과 선행, 두 마리 토끼 잡는 법

우리 집 아이들이 수학 공부를 할 때 꼭 지키는 두 가지 철칙이 있다. 하나는 '적절한 선행'의 법칙이고 나머지 하나는 '꼼꼼한 현행'의 법칙이다. '적절한 선행'이란 아이들이 잊지 않을 정도의 속도로 나가는 것을 뜻한다.

사실 선행을 해야겠다는 생각으로 우리 집 아이들을 공부시키진 않았다. 아이의 속도에 맞춰 매일 공부를 하다 보니 한 학기 선행이 되었다는 표현이 더 정확하겠다. 한 학기 빠른 진도에 익숙해지다 보니 어쩌다 한 학기보다 더 많은 양을 일찍 끝내게 되면 혹시나 놓치고 지나간 부분은 없는지 더더욱 꼼꼼히 살펴보게 된다. 이것이 내가 두 번째로 지키고 있는 '꼼꼼한 현행'의 법칙이다. 즉, 아이의 약점을 살펴보는 것을 절대 소홀히 하지 않는 것이다.

아이의 부족한 부분을 제대로 해결하지 않은 채 넘어가버리면 아이는 찜찜함을 느끼게 된다. 그렇게 쌓여가는 불쾌한 감정이 곧 수학이라는 과목에 대해 갖는 일반적 감정으로 굳어 버린다. 그렇게 되기 전에 수학 공부를 하며 생길 수 있는 안 좋은 감정을 최대한 빨리 해결해주는 것이 꼼꼼한 현행의 궁극적인 목적이다. '어렵고 하기 싫은' 부분을 '할 수 있는' 영역으로 바로바로 바꿔주지 않으면 더 먼 길로 돌아가야 한다는 것을 누구보다 잘 알고 있기 때문이다. 중학생이 초등학교 수학부터 다시 시작해야 하는 경우가 생각보다 너무 흔하다. 선행 바람 속에 자라난 아이들인데, 중학교에 오자 결국엔 다시 돌아가야 하는 안타까운 일을 내 아이는 겪게 하고 싶지 않다. 속도 빼기에만 집중하던 시기가 우리 집에도 있었다. 틀린 부분을 다시 살펴보는 시늉만 하면서 앞으로만 나가던 때 말이다. 사실 속도만 빼는 것은 꼼꼼히 점검하는 것보다 훨씬 쉬운 일이다. 보았던 문제를 다시 또 풀고, 많이 틀리는 영역에 문제를 다시 구해서 또 풀리는 일이 생각보다 꽤 번거롭기 때문이다. 속도전을 펼치자 그전보다 공부 과정이 수월하게 느껴졌지만, 결과는 정반대였다. 매일 공부를 하고 있음에도 단원 평가 점수가 점점 떨어지는 것이다. 그때 속도만 내는 것이 결코 좋은 것이 아님을 확실히 깨닫고 다시 꼼꼼하게 현행에 집중하기 시작하자 결과는 또 바로 나타났다. 5학년부터는 틀리는 개수가 점점 줄더니 6학년 내내 100점을 맞아오니 말이다. 점수도 점수지만 가장 눈에 띄는 변화는 수학뿐만 아니라 공부 자체에 자신감이 생긴 아이의 마음 자세였다.

"엄마, 6학년 공부가 5학년 때보다 더 쉬운 것 같아."

"진짜? 원래 학년이 올라갈수록 더 어려워지는데 멋지다! 근데 왜 그렇게 생각해?"

"음…. 몰라? 그냥 더 쉽게 느껴져."

"좀 더 꼼꼼히 보는 습관이 도움이 되었나?"

"응! 그리고 학원을 안 다니는 것도 도움이 되는 것 같아."

"어째서?"

"학원에 가면 숙제하느라 다른 공부에 집중하기 힘들었는데 이제는 시간이 생겼잖아."

6학년이 되고 한 달이 지난 어느 날 아이와 나눈 대화이다. 영어 학원을 그만둔 지 석 달쯤 지난 때이기도 하다. 그때는 아직 6학년 공부를 제대로 하기 전이라 그냥 기분이 그런가 보다 싶었다. 늘 불안을 먹고 사는 엄마는 '저렇게 쉽다고 여기다 더 많은 실수를 하면 어쩌지?' 하는 걱정도 있었다. 그런데 아이가 그저 단순하게 그런 감정을 느끼는 것이 아니라는 걸 학기 말에 받아온 성적표로 확실하게 입증해주었다. 성적표에 담임 선생님이 이렇게 써주었기 때문이다.

"시간이 지날수록 학업 성취도가 향상되고 있음."

현행의 구멍을 없애기 위해 꼼꼼하게 공부시키면서 사실 불안했다. '이러다 한 학기 선행도 못 하고 학교 진도 따라가기 바빠지면 어쩌지?' 하는 마음이 안 들었다면 거짓말이다. 그러나 실제로 해보니 알 수 있었다. 그 불안은 엄마인 내가 만들어낸 감정일 뿐, 아이는 꼼꼼한 현행 속에서 자신감을 쌓아가고 있었다는 것을.

자신감이 없으면 잘하는 것도 못하게 된다. 그러나 자신감은 못하는 것도 도전하게 하는 힘이 있다. 그 힘 덕분에 실수와 어려운 정도가 잦아든 것이다. 좋은 정서가 생기자, 실력도 따라서 높아졌다. 기계처럼 문제만 많이 풀리고 진도만 빨리 나가는 것만이 수학 공부력을 키워주는 것이 아니었다. 결국 수학 공부도 정서였다. 아이가 좋은 정서를 갖고 자신감을 키우도록 현행의 구멍을 잘 메워주는 것이 곧 빠르고 바른 선행의 지름길이다.

수학 공부력 상담소

　교육부와 한국교육과정평가원에서 발표한 '수학·과학 성취도 추이 변화 국제 비교 연구 2019'에 따르면 한국의 수학, 과학 성적은 최상위권인 반면, 자신감과 흥미는 꼴찌 수준으로 나타났다. 우리나라 아이들의 수학·과학 실력이야 세계적으로 익히 소문이 났으므로 각각 2위와 3위를 한 것은 놀랍지 않다.

　우리가 눈여겨봐야 할 점은 수학과 과학에 대한 아이들의 흥미와 자신감 지표이다. 초등학교 4학년 학생의 수학 자신감은 64퍼센트로 58개국 중 57위, 중학교 2학년 학생의 수학에 대한 자신감은 46퍼센트로 39개국 중 36위에 해당한다. 흥미는 초등학교 4학년 학생들이 84퍼센트로 53위를 차지하였고, 중학교 2학년 학생은 40퍼센트만이 수학에 흥미가 있다고 답해 39개국 중 꼴찌를 하였다. '암담, 처참' 외에는 적합한 단어가 떠오르지 않는 결과이다.

우리나라 초등학교 4학년 학생과 중학교 2학년 학생의 흥미도와 자신감을 비교해도 암담한 건 매한가지다. 중학생의 수학 자신감은 초등학생보다 낮으며, 중학생의 수학 흥미도가 초등학생의 수학 흥미도의 절반 수준이라는 것은 더더욱 슬픈 일이다.

수학 · 과학 성취도 추이 변화

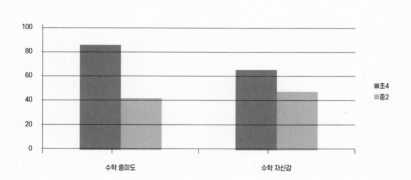

백번 양보해서 흥미는 없을 수 있다 하자. 흥미가 없어도 반복된 연습으로 실력은 키울 수 있으니 말이다. 그러나 성적이 좋음에도 불구하고 자신감이 없다는 것은 이해하기 힘든 일이다. 성적이 좋아야 자신감이 생기고, 자신감이 있어야 성적이 오르는 선순환이 일어나거늘, 대체 무슨 일일까? 수학을 잘하고 있는 우리 아이들의 자신감이 이렇게도 바닥인 것은 분명 어딘가 잘못되고 있다는 이야기이다.

우리 아이들의 자신감을 키워줘야 한다. 그래야 2~3년의 선행이 빛을 볼 수 있다. 선행하느라 소비한 시간과 노력이 낭비로 끝나지 않으려면 '못하는 것'에 집중하지 말고 애초에 못할 수밖에 없는 것을 해내고 있다는 사실에 초점을 둬야 한다. 할 수 없다고 지레 겁먹고 애쓰지 않으려는 아이들이 '이만하면 해볼 만하다'는 생각이 들도록 조치를 취해야 한다.

수포자를 막는 방법

지극히 평범한 우리 집 예비 중학생과 초등학교 4학년 아이가 수학을 포기하지 않도록 어떤 일이 있어도 꼭 지키는 단 하나의 법칙이 있다. 무조건 처음은 쉬운 것부터. 어차피 단숨에 모든 개념을 완벽하게 이해하고 문제에 적용할 수 없다. 일단 할 수 있겠다는 마음으로 수학과의 심리적 거리감을 최소화하는 데 집중해야 한다. 첫인상이 중요하고, 첫 단추가 중요한 것이 세상 만물의 법칙이다. 수학의 첫인상을 더럽히지 않기 위해 무조건 쉬운 것부터 시작한다. 저학년일수록 이 법칙은 금처럼 귀하게 여겨야 한다. 처음엔 더뎌 보여도 학습 속도는 반드시 올라간다.

빠른 선행만큼이나 곤란한 것은 너무 느리게 진도를 빼는 것이다. 과유불급이랬다. 구멍을 메우면서 나가야 다음 내용을 탄탄히 쌓아올릴 수 있다고 했지만 지나치게 구멍에 집중해서도 안 된다. 모든 내용을 완전히 이해한 후 다음 진도를 나가는 것이 오히려 좌절감을 안겨주고 흥미를 떨어뜨릴 수도 있다. 같은 내용을 너무 반복하면, 못하는 것에만 집중하게 되어 수학에 자신감이 생길 틈이 없다. 지금은 이해하지 못해도 다른 내용을 공부하다가, 혹은 학교에서 선생님과 수업하다가 이해되는 지점은 반드시 존재한다. 한마디로 수포자를 막는 길은 속도 조절이 핵심이겠다.

교재의 난도를 조절하기

현재 우리 집 아이들은 일주일에 수학 교재 네 권을 번갈아가며 풀고 있다. 연산 두 권, 기본 개념 및 문제 풀이 교재 한 권 그리고 사고력 수학 교재 한 권이다. 우선 연산을 덜 지겹게 하려고 현행 한 권과, 한 학기 앞선 교재 한 권을 번갈아 풀린다. 현재 월수금엔 현행 연산 한 권을 풀고, 화목토엔 다음 학기 연산 교재 한 권을 푸는 식으로 진행 중이다. 이렇게 하면 한 학기에 해당하는 연산 교재를 두 권씩 풀어보게 된다. 매일 다른 연산 책을 풀기 때문에 매일 연산을 해도 반발이 덜하다.

그다음 기본 개념 및 문제 풀이 교재는 우선 아주 쉬운 교재로 시작한다. 우리 집 아이들 기준으로 《우공비 일일 수학》이 아주 쉬운 교재에 해당한다. 하루 두 장 풀면 30일 만에 끝나는 분량으로 구성되어 있어 핵심 개념을 빠르게 훑어보기에 아주 그만이다. 일주일 3일 분량의 진도로 나간다면 7주 이내에 한 권이 끝난다. 그 뒤에 《우공비 수학》 혹은 《디딤돌 기본+유형》 또는 《디딤돌 기본+응용》 문제집으로 일주일 3회, 두 장씩 풀리면 3개월 뒤에 한 권을 끝낼 수 있다. 즉 한 학기에 두 권의 수학 교재로 기본 개념을 탄탄히 쌓고 문제 풀이 능력을 키워간다. 물론 아이가 어려워하는 부분이 많을수록 진도는 더딜 수밖에 없지만 아무리 느려도 방학 전에 두 권의 교재를 끝낼 수 있다.

《우공비 일일수학》 뒤에 풀릴 두 번째 교재는 아이가 첫 번째 교재를 얼마나 수월하게 잘 풀어내느냐에 따라서 달라진다. 매우 수월하게 잘 해내면, 《디딤돌 기본+응용》으로 넘어가고, 유독 어려워하는 부분이 많아 보이면 《우공비 초등 수학》을 빠르게 진행한 뒤, 《디딤돌 기본+유형》으로 넘어가기도 한다. 혹은 《우공비 일일수학》을 건너뛰고 《우공비 수학》을 한 뒤에 《디딤돌 기본+응용》으로 넘어가기도 하는데, 주로 이전 학기 내용을 빨리 끝내서 시간적 여유가 있을 때 《우공비 일일수학》을 건너뛰는 편이다. 천천히 살펴볼 시간이 좀 더 확보되었기에 조금 난도가 더 있는 교재를 바로 시작하는 것이다.

아이도 문제집을 많이 풀다 보면 문제집마다 어려운 정도가 다르다는 것을 안다. 《우공비 일일수학》을 풀다가 다음 학기에는 바로 《디딤돌》로 가면 조금 부담스러워 하지만, "네가 지금 잘하고 있어서 바로 디딤돌 사봤어" 하고 한마디 해주면 은근히 뿌듯해하며 볼멘소리를 거두어들인다. 이렇게 차근차근 적응시키면 어느 시기이건, 《디딤돌 기본+응용》 교재로 바로 시작해도 될 시점이 오니 첫 단추를 신중히 끼우자.

사고력 수학 더하기

우리 집은 다소 사고력 수학을 늦게 시작한 편이다. 정확한 이유는 떠오르지 않지만, 어릴 때 《팩토》를 하다가 잠시 쉰 적이 있다. 아마도 과목 수가 늘어나면서 해야 할 것들이 늘어나 아이가 버거워해서 쉬었던 것 같다.

사고력 수학을 잠시 잊고 지내다 《영재사고력 수학 1031》이라는 교재를 다시 접한 건 1년 전 즈음이었다. 당연히 처음 《영재사고력 수학 1031》을 추가했을 때 아이들의 반발을 피할 수 없었다. 이미 계획된 하루 분량에 한 권이 더 추가되는 것이니 달갑지 않을 수밖에. 불만을 잠재울 길은 분량과 속도 조절뿐이다. 두세 장 푸는 것이 기본이었지만 사고력 수학 교재만큼은 하루 한 문제로 협상을 보았다. 다만 분량이 턱없이 적으니 매일 푸는 조건으로 말이다. 그렇게 아이들을 익숙해지도록 만들었다. 한 문제라 부담이 적어서 시작하기 좋았고, 문제가 안 풀릴 때 아이에게 생각할 시간을 충분히 줄 수 있어서 적극 추천하는 바이다. 이제는 일주일에 2~3회 한 장씩 푸는 속도로 진행하고 있고, 한 학기에 한 권 끝내는 것을 목표로 속도를 조절하고 있다.

지금까지 살펴보았듯이, 잘하는 아이들도 자신감이 없고, 흥미가 없을 수 있는 수학에서 가장 중요한 것은 아이들의 마음을 요리조리 잘 만져주는 것이다. 추운 겨울 차에 무리를 주지 않기 위해 예열이 중요하듯, 아이들 수학 공부에도 예열이 필요하다. 수학에 꽁꽁 언 아이들의 마음이 몽글몽글 데워져, '한번 해볼까?' 하는 마음이 들도록 초반에 길을 잘 들이는 것이 제일 중요하다. 뜸을 들이듯 여유를 갖고 시간을 주면 아이들은 싫어하면서도 스며들 듯 해내고 만다.

공부가 좋아서 하게 만드는 것은 거의 불가능에 가깝다. 불가능을 기대하지 말고, 하고 있음에 기뻐하며 아이들을 격려하자. 밀어붙이기 식이 아닌, 스며들기 식으로 차근차근 천천히 꼭꼭 씹어 소화할 수 있도록 수학 공부 계획을 짜주자. 스스로 고민하고 해결한 시간만큼 아이는 성장해 있을 것이다.

수학 문제집
이렇게 고르세요

수포자. 10년이 넘는 역사를 지니는 이 단어가 분명히 알려주는 한 가지가 있다. 수학에서 가장 중요한 것은 무엇보다 기본기라는 점이다. 우리 집 둘째가 초등학교 4학년 수학 공부를 시작한 지 얼마 지나지 않았을 때 이런 말을 했다.

"엄마, 4학년 수학에 3학년 때 배운 내용이 나오네. 3학년 때 제대로 안 하면 안 되네."

지난 학년에 배웠던 내용이 꼬리에 꼬리를 물면서 확장되어가는 것이 수학이다. 기본기가 제대로 잡혀 있지 않으면 아무리 문제 수로 밀어붙이려 해도 한계가 있을 수밖에 없다. 그래서 수포자가 생겨난다. 내 아이가 수학의 기본기가 있는지 확인하면서 아이를 압도하지 않을 분량과 속도로 현명하게 수학 공부 계획을 구상하기 위한 바른 교재 선택법은 무엇일까? 9년간 지극히 평범한 우리 집 아이들과 수학 공부를 하며 얻은 결론을 교재 선정 방법과 추천 교재로 정리해보겠다.

교재 고르는 법

국어는 공부의 목적이, 영어는 어휘량이 교재 선택의 기준이었다면, 수학 교재를 고를 때는 무조건 아이 마음이 1순위에 있어야 한다. 수학에 질리게 하거나, 수학은 할 수 없는 과목이라는 인상을 심지 않도록 주의, 또 주의해야 한다. 영포자, 수포자, 과포자 등 많은 단어 중 가장 긴 역사를 지닌 '수포자'에 내 아이가 포함되지 말란 법은 없다.

① 연산 교재는 무조건 덜 지루하게

연산 교재는 단순 반복 연습의 형태로 이루어져 있다. 숫자만 다를 뿐 같은 유형의 문제를 끊임없이 반복하므로 연산 스킬을 빠르게 높일 수 있지만 쉽게 지루함을 느낄 수 있다는 치명적인 단점도 있다. 특히나 연산은 저학년일수록 더욱 중요하게 다루어야 하는 영역이다. 그러지 않아도 집중력과 인내심이 부족한 어린 아이들이 연산에서부터 수학은 재미없는 과목이라는 인상을 갖게 하면 안 된다.

흥미와 재미를 위해 연산 교재는 무조건 문제 수가 많지 않고, 다양한 유형의 문제가 포함된 것이어야 한다. 저학년부터 시작해서 사춘기가 시작되는 초등학교 고학년까지 잘 이끌어가야 할 연산의 첫 단추를 잘 꿰려면 부모의 욕심은 덜고, 아이의 흥미를 유지하는 것이 가장 중요하다.

만약 아이가 연산에 전혀 흥미를 못 느낀다면 보드게임으로 접근하는 것이 좋다. 〈할리갈리〉, 〈로보 77〉, 〈셈셈 피자가게〉와 같은 보드게임으로 일단 연산에 자신감과 흥미를 북돋워주자. 게임의 즐거웠던 기억으로 아이는 교재 풀이를 덜 지루하게 여길 것이다.

이렇게 중요한 연산을 중학생을 위한 교재에서는 소개하지 않았다. 연산을 초등학생 때 탄탄하게 쌓았다면 굳이 중학교에서까지 연습할 필요는 없기 때문이다. 중학교의 연산도 결국 초등학생 때 열심히 연습한 사칙 연산의 연장선일 뿐이다. 중학교 수학이 어려운 이유는 소인수 분해, 최대 공약수, 최소 공배수와 같은 개념에 익숙하지 않기 때문이지 사칙 연산을 못 해서가 아니다. 연산에 어려움이 있다면 초등 교재로 연습하면 되므로 중학생의 연산 교재는 제외하였다.

② 기본 개념 및 문제 유형은 정답률을 꼼꼼히

《쎈》, 《디딤돌》, 《만점왕》, 《비상》, 《우공비》 등 수학 교재는 이 세상에 차고 넘친다. 게다가 모든 출판사의 수학 교재는 수준별 접근이 용이하도록 탄탄한 구성을 자랑한다. 내 아이가 어떤 수준에 있는지 정확히 판단할 수만 있다면 차고 넘치는 교재들로 꾸준히 공부하는 아이에게 '수포자'라는 단어는 접근도 못 할 것이다. 내 아이의 현재 수준을 가장 정확히 판단할 수 있는 방법은 아이가 학교에서 다루는 수학익힘책을 얼마나 수월하게 풀어내느냐에 달렸다.

아이가 수학익힘책을 힘겹게 풀어내거나 정답률이 80퍼센트 이상 되지 못한다면 기본 개념이 제대로 정립되어 있지 않다는 것을 뜻한다. 이때는 다른 교재가 아닌 학교 교과서를 다시 한 번 꼼꼼히 점검해야 한다. 교과서만큼 기본 개념과 원리를 가장 정확하게 풀이하고 있는 교재는 없다. 교과서를 무시한 공부로 원하는 성과를 얻을 순 없다. 교과서가 기본이라는 사실을 잊지 말고 기본에 충실한 공부가 가장 우선이 되도록 하자.

그렇다면 기본이 탄탄한 아이들은 어떤 기준으로 교재를 선정해야 할까? 결론부터 이야기하자면 정답률 80퍼센트가 교재를 선정할 때 가장 적합한 수준이다. 정답률은 아이와 서점을 직접 방문하여 교재를 함께 살펴봐야 알 수 있다. 선 자리에서 문제들이 잘 풀리는지 아닌지 대략적으로 점검해보자. 몇 권의 후보를 선정한 뒤에 한 번 더 꼼꼼히 아이와 살펴보는데, 이때는 최상위 문제, 응용문제, 심화 문제 등 각 단원의 마지막 부분에 실린 최고 난도의 문제를 살펴봐야 한다. 교과서 외 다른 교재를 처음 접하는 아이일수록 쉽게 느껴지는 교재로 시작하는 것이 좋긴 하지만 너무 쉬워서 도전감이 없을 정도는 또 곤란하다. 한 권의 교재 내에서 가장 어려운 문제도 꼼꼼히 살펴봐서 아이가 할 만하다는 느낌이 드는 교재를 선정하면 실패 없는 선택이 된다.

③ 심화 및 사고력 교재 한 권은 필수

기본 교재의 수준을 차곡차곡 높이는 것만으로도 충분할 수 있다. 한 단계 끝내고, 다음 단계로 나가는 것이 어찌 보면 제일 안정적인 방법으로 이 책에서 줄곧 이야기하는 '천천히 아이 속도에 맞게' 공부하는 방법과도 가장 일치하는 것이다. 그러나 단계별로 차곡차곡 진행하는 것에는 생각보다 많은 시간이 걸린다는 문제가 있다.

많은 사람들이 '맵단짠(맵고 달고 짠)'의 맛에 중독되듯, 수학 공부에도 맵단짠이 필요하다. 앞서 소개한 기본 개념 및 문제 유형 풀이 교재가 수학의 단맛 역할을 한다면, 수학의 맵고 짠맛을 담당하는 것은 단연코 심화 혹은 사고력 문제이다. 순한 맛이 안겨주는 안정감이 단조로움으로 변해갈 때 사고력 수학 교재가 색다른 묘미의 역할을 하게 된다. 단, 안정감이 있을 때만이 특색 있는 사고력 수학의 묘미가 빛을 발한다는 것을 명심하자.

연령별 추천 교재

연령별	영역별	추천 교재
초등학교 1~2학년	연산	《소마셈》 • A~D 단계 각 8권 구성 • 4학년까지 가능 • 그림으로 도식화된 문제 제공 • 적절한 분량 • 지루하지 않은 연산 연습
	개념 및 유형	《만점왕》 • 학교 수업 따라잡기에 매우 적합 • EBS 무료 강의 시청 가능
		《우공비 일일수학》 • 깔끔한 핵심 정리와 기본 문제 유형으로 쉽게 접근 할 수 있음
	심화 및 사고력 수학	《창의사고력 수학 팩토》 • 원리와 탐구로 구성 • 원리로 이론을 쌓고 탐구로 심화 문제 연습

초등학교 3~6학년	연산		《쎈연산》 • 만화를 통한 개념 학습 • 쉬어가는 코너로 재미 추가
	개념 및 유형		《디딤돌 기본 + 유형》 • 기본 개념을 익힘 • 유형별 문제 반복 연습
			《디딤돌 기본 + 응용》 • 기본+유형 교재보다 조금 어려움 • 기본기 다지기+ 응용력 기르기 구성

	심화
	및
	사고력
	수학
			《해법 수학경시대회 기출문제》
			• 교과서 기본 개념과 원리에 바탕을 둔
			  교재
			• 꼭 필요한 영역에 수학적 사고력 확장
			  연습 가능

			《영재사고력 수학 1031》 • pre~고급까지 5단계로 구성 • 각 단계별 4권씩 구성 • 경시 및 영재교육원 준비에 도움이 됨

중학교	개념 및 유형		**《개념 쎈》** • 개념을 확실히 알고 가기 좋음 • 선행 용도로 적합
			《라이트 쎈》 • 다양한 문제 유형에 익숙해지는 연습 • 선행 혹은 현행용으로 적합
	심화 및 사고력 수학		**《쎈 수학》** • 유형 마스터하기 • 복습 용도로 적합
			《블랙라벨》 • 100점 노트: 개념 정리 • 총 3단계 구성으로 시험 대비부터 종합 사고력 도전 문제 섭렵 • 상·최상 난도의 문제 50퍼센트 이상 수록

부록

우리 아이의
공부 점검표

아이들은 직관적이다. 눈에 보이는 것을 그대로 믿고 따른다. 하루하루 주어진 공부를 해나가는 것은 분명 힘든 일이다. 그러나 그동안 아이들이 해온 것들이 쌓이고 쌓여 하나의 기록으로 남은 것을 보면 누구보다 뿌듯하고 자랑스러워한다. 비록 그 기쁨이 잠시일지라도 그 기록들로 인해 앞으로 해나갈 힘을 얻는다.

우리 첫째가 다섯 살쯤 한글을 서서히 알아가고 있을 때였다. 한글은 잘 읽지만, 쓰는 것이 서툰 아이가 가장 유의미하게 글씨를 쓰는 경우는 자기 이름 쓰기와 자신이 좋아하는 애니메이션에 관한 것을 쓰는 것뿐이었다. 좀 더 다양한 글씨를 쓰게 하고 싶어 궁리하던 중 독서기록장의 존재를 알게 되었다.

"아! 맞아! 독서기록장이 있지!"

나도 어릴 때 써본 적 있는 독서기록장을 까맣게 잊고 있었다. 아이가 읽은 책에 관해 쓰는 것이므로 이보다 더 유의미한 글씨 쓰기 연습이 없을 것 같았다. 게다가 아이의 독서 습관도 동시에 기를 수 있으니 사용하지 않을 이유가 없었다(독서에 공을 들이던 시기가 나에게도 있었다).

독서기록장에는 책을 읽은 날짜, 책 제목, 지은이 그리고 출판사 딱 네 가지만 적는 칸을 만들어놓았다. 그 과정을 빠짐없이 기록하고 한 장 한 장 클리어 파일에 넣어 하나의 포트폴리오로 모아놓았더니 심심할 때마다 아이가 그것을 들여다보았다. 엄마인 나도 함께하며 아이가 어떤 책을 자주 읽었는지 얘기하는 기회도 되고, 삐뚤빼뚤하던 글씨가 바르게 변해가는 과정도 눈으로 확인할 수 있어서 참 좋았다.

무엇보다 아이가 그 기록을 엄청 소중하게 여긴다는 것을 알 수 있었다. 손님이 오면 그 책을 괜스레 꺼내어 펼쳐 보인다. 그럼, 아이의 행동에 자연스레 눈길이 가는 어른들은 저마다 아이의 기록을 보며 "채원이가 쓴 거야? 지금까지 이렇게 많은 책을 읽었어? 정말 대단하다!" 같은 칭찬을 늘어놓는다. 그럼 한껏 으쓱해진 아이는 "네! 엄마랑 같이 읽은 책을 제목이랑 저자 이름이랑 출판사를 적어놓은 거예요. 여기는 날짜도 적어놓았어요!"라며 자신의 업적을 아주 자랑스럽게 얘기하곤 했다.

그때부터 나는 아이의 공부 기록도 남기게 되었다. 단순하게 1주일의 계획에서 시작해 지금은 그날 공부한 내용 중에서 어렵거나 기억해야 할 내용들을 적어두는 칸까지 마련해놓았다. 이 역시 포트폴리오로 모아놓는다면 훗날 아이가 어려워한 부분을 정확하게 파악할 수 있기를 바라는 마음에서다.

▲ 아이가 작성한 공부 계획 및 점검표

다른 분들에게도 도움이 되길 바라는 마음으로 우리 아이 공부 계획표를 공유해본다. 이 공부 계획표는 복습에도 효과가 있다. 영어 단어를 공부한 날 틀린 단어들만 적어놓고 그 단어의 뜻을 다시 상기시키는 식으로 활용할 수 있기 때문이다. 아이 스스로 자신이 그동안 참고 공부해온 업적을 눈으로 직접 보는 것 또한 공부를 계속하는 동기가 된다. 공부는 자신과의 외로운 싸움이다. 자신과의 싸움에 과거의 자신이 자극제가 되고 동기 유발 매체가 되는 공부 계획표이다. 그래서 나는 아이 공부 계획표에 정성을 쏟는다.

공부 점검표 양식

날짜	과목	틀린 문제 분석	새롭게 알게 된 내용	자기 평가

부모님들에게

아이보다
먼저 지치지 않기 위해
알아야 할 것

"남들이 한다고 해서 하고는 있지만, 이렇게 하는 것이 맞는지 모르겠어요."

"우리 아이만 안 하는 것 같아서 뭐라도 시켜보고 있어요."

학부모 상담에서 많이 듣는 요즘 부모들의 고충이다. 쏟아지는 정보를 그대로 따라 할 수 없다는 것을 알면서도 그렇게 하지 않으면 뒤처지는 것 같은 불안감에 뭐라도 해보려는 것이 부모의 마음이다. 그러나 아이는 맘처럼 쉽게 따라오지 않고, 부모도 결국엔 기존의 시행착오를 답습하기 마련이다. 이는 아이의 의지가 약해서도 아니고, 부모가 자녀 교육에 대해 알려주는 사람들보다 못나서 그런 것도 아니다. 그저 저마다의 생각과 생활이 다르기 때문에 주어진 정보를 그대로 적용할 수 없을 뿐이다. 엄마와 탯줄을 끊고 나온 순간부터 독립된 인격체가 되는 아이의 생각도 부모와 다른 마당에 교육 전문가가 일러준 모든 정보가 각 가정에 그대로 들어맞을 리 만무하다.

부모의 불안함은 낮추고 아이도 부모도 가볍고 상쾌한 마음으로 공부력을 지속시키기 위해 잊지 말아야 할 것이 있다.

단호함은 필수 조건

학년이 올라갈수록 아이들은 부모의 통제에서 벗어나려 한다. 부모의 말을 법처럼 받아들이던 어린 시절에는 상상조차 할 수 없던 말과 행동을 보여 10대 자녀를 둔 부모는 자주 당황하게 된다. 앞서 사춘기 시기의 특징을 살펴보았듯이 부모의 품 안에서 벗어나려는 시도 자체는 아이가 건강하게 크고 있다는 증거이므로 크게 걱정할 것은 아니다. 하지만 지속 가능한 공부력을 키우기 위해서라면 아이들에게 단호해질 필요가 있음을 간과하지 말아야 한다.

아이들은 어른의 구멍을 호시탐탐 노리는 존재이다. 부모 혹은 교사에게 이런저런 테스트를 해보며 자신의 허용 범위를 넓혀간다. 물론 더 쉽고 편한 쪽으로 나가는 것을 목표로 말이다. 공부하기 싫다고 떼써보는 것, 청소하기 싫어서 핑계 대는 것 등을 통해 아이는 더 편한 쪽으로 나아가려 하고, 혹시나 그 시도가 통했을 경우, 그다음 또 하기 싫은 상황이 닥치면 비슷한 수법을 사용한다.

이 모든 시도는 아이들이 어른 머리 꼭대기 위에 있으려는 나쁜 의도에 의한 것은 아니다. 더 편하게 지내고 싶은 인간의 기본 심리가 작용한 것일 뿐이다. 앉으면 눕고 싶고, 누우면 자고 싶은 마음, 그 이상도 이하도 아니다. 그러나 그 시도를 점검하고 판단할 명확한 기준이 있어야 한다. 친구들과 더 놀고 싶어서 시간을 야금야금 늘리는 아이들을 제지하고, 숙제하기 싫어서 갖은 핑계를 찾는 아이가 제대로 숙제를 마칠 수 있도록 이끌어갈 힘은 어떤 경우에도 흔들리지 않을 부모만의 기준 속에서 피어난다.

만약 부모가 명확한 기준 없이 아이 말에 이리저리 휘말리게 된다면, 처음 의도와는 달리 부모 머리 꼭대기에 앉아 있는 나쁜 아이로 만들 수도 있다. 어느 날은 허용하고, 다른 날은 허용하지 않는 모습에서 아이들은 혼란에 빠지고, 부모에 대한 불만이 지속적으로 쌓이면서 결국 신뢰까지 잃게 된다.

아이들은 매일 공부하지 않을 이유를 찾고, 부모는 아이들이 매일 공부하길 원한다. 아이도 부모도 힘을 빼고 뿌리가 튼튼한 공부 습관을 유지하고 싶다면 공부하기 힘든 아이의 마음은 알아주되 행동은 통제할 수 있는 부모의 단호함이 반드시 필요하다. 나는 이를 '따뜻한 단호함'으로 부른다. 상황에 따라 달라지는 부모의 태도에 아이의 불안이 높아지면 안정적으로 공부할 힘이 생길 수 없다. '근본없는 단호함'이 아닌 '따뜻한 단호함'으로 아이들에게 안정감을 주자. 그것이 지속 가능한 공부력의 첫 번째 필수 요소이다.

자세 지적은 내려놓기

"허리 펴고 똑바로 앉아라."

"연필 바로 쥐어라."

"엎드리지 말고, 고개 들어라."

"바닥에서 하지 말고, 책상 앞에 앉아라."

공부하는 아이들을 보고 있으면 공부 자세에 눈길이 먼저 가기 마련이다. 바른 자세로부터 바른 학습이 이루어진다는 생각에 부모들은 아이들의 공부 자세를 많이 지적한다. 그러나 앉아서 공부하는 자세가 바르지 못하다고 하여 아이들이 공부를 제대로 하고 있지 않다고 말할 순 없다. 오히려 이런 지적을 많이 할수록 아이들은 공부 태도를 고치기보다 공부 자체를 놓아버린다.

이 책에서 계속 강조하고 있듯이 공부는 결코 즐거운 행위가 아니다. 더구나 이 책은 이제 막 학교 공부를 시작하는 초등 저학년 대상이 아니라, 사춘기에 가까워지고 있는 만 10세 이상의 아이들에 관한 이야기를 나누고 있다. 그 정도 나이가 되면 바른 자세가 중요한 것쯤은 학교에서도 반복적으로 배워서 잘 알고 있다. 평소 자세가 안 좋은 아이들도 본인이 해야겠다 마음먹거나, 꼭 해야 하는 상황이 생기면 바르게 자세를 고쳐 앉는다.

짜증을 내며 앉든, 억지로 와서 앉든, 공부하는 자세가 삐뚤든, 아이가 공부를 해보겠다고 책상 앞에 앉아 있는 것 자체가 의미 있는 일이다. 평소에 집에서 공부하는 습관이 잘 안 잡혀 있던 아이라면 아이가 책을 펴고 공부하는 그 행위 자체가 더욱더 큰 의미를 지닌다.

공부 자세에만 집중하는 것은 마치 달리기 연습을 하는데 준비 자세가 좋지 못하다고 그것을 바로 잡는 데만 신경 쓰는 꼴과 같다. 달리기 실력을 키우려면 직접 달리면서 그 실력을 키워야지 준비 자세만 열심히 수정한다고 해서 달리기 실력이 좋아질 리 없지 않는가. 아이의 공부력을 키우고 싶다면 아이가 지문을 읽는 행위, 문제를 풀며 이해를 점검하는 행위에 더 큰 의미를 부여하자. 공부의 길을 달려보겠다고 출발점에 서 있는 아이의 태도에 집중하여 출발조차 하지 못하는 불상사는 막아야 한다. 공부 태도가 아닌 공부하는 행위 자체에 집중하는 것이 지속 가능한 공부력을 위해 잊지 말아야 할 두 번째 요소이다.

스스로의 삶을 존중할 줄 아는 부모의 힘

"엄마 운동 갔다 올게."

"엄마 지금 너무 졸리다. 잠깐만 자야겠어."

"엄마 친구들이랑 약속이 있어. 점심 잘 챙겨 먹고 있어."

"엄마 카페 가서 일 좀 하고 올게."

부모의 시간과 공간을 존중하는 목소리다. 아이의 공부력을 키우겠다고 아이 공부에만 집중하여 부모 스스로의 삶을 존중하지 않으면 안 된다. 아이의 공부는 마라톤과 같다. 성공적인 마라톤 완주를 위해서라면 적절한 에너지 분배와 속도 조절이 필수이다. 처음부터 막 달려서 기운을 다 빼도 안 되고, 쉬지 않고 계속 달려서도 안 된다.

마라톤 경기를 보면 중간마다 물이 놓여 있다. 한 번씩 입을 축이며 쉬어가라는 의미이다. 그 잠깐의 휴식 시간이 매우 소중하다. 반드시 있어야 한다. 계속 달리다 보면 입을 축일 수 있는 꿀맛 같은 시간이 기다리고 있다는 사실만으로도 힘이 난다. 아이의 공부력을 키우는 일도 마찬가지다. 각자 좋아하고 필요한 일을 하며 보낼 시간이 반드시 보장되어야 앞으로 나갈 힘이 생긴다.

예전에 나는 힘든 나의 마음을 보살필 생각을 하지 않았다. 엄마라는 이름으로 힘들어도 당연히 아이들 옆에 있어야 한다고 생각했다. 힘들다는 생각이 드는 것 자체가 큰일이라도 되는 것처럼 죄책감이 생겨 마음이 불편했다. 마치 엄마는 아이들 곁을 비우면 안 된다는 법이라도 있는 것처럼 말이다. 하지만 그럴수록 나의 몸과 마음은 불편과 힘겨움으로 가득 찼고, 그런 마음으로 아이와 함께하다 보니 날이 선 반응을 할 때가 잦았다. 서로 편하게 쉬고 에너지를 충전해야 할 주말에 아이는 나의 눈치를 보고, 그런 아이를 보며 속상한 마음에 더 화가 나서 엉망이 되어갔다.

　아이와 나의 시간이 분리되는 때가 필요했다. 다른 사람에게 방해받지 않고, 나와 대화할 수 있는 진짜 나만의 시간 말이다. 때로는 혼자 카페에 가서 나의 어려움의 원인을 찾아보는 시간을 갖기도 하고, 때로는 아이들에게 엄마 쉴 테니 방에 들어오지 말라고 부탁하며 혼자만의 시간을 보내기도 한다. 부모라고 무조건 아이를 위해 희생하라는 법은 없다. 오히려 무조건적인 희생은 억울함과 죄책감을 불러와 부모 자신을 갉아먹을 뿐이다. 부모의 마음에 좀이 생기면, 아이에게도 그대로 전염되어 버린다. 반대로 부모 마음에 행복감이 쌓이면 그것이 그대로 아이에게 흘러가 아이도 행복한 삶을 살게 된다. 아이보다 먼저 지치는 일이 없도록 부모 자신의 삶을 먼저 가꾸는 것이 아이 공부력을 지속시킬 마지막 필수 요소이다.

슬럼프가 찾아올 때
반드시 기억할 것

공부에 소질이 없는 사람도 분명히 있다. 소질 유무를 판단하기 위해서는 정말 최선을 다해봐야 한다. 공부에 소질이 있는지 없는지, 예체능에 소질이 있는지 없는지 직접 해봐야 알 수 있다. 대충 해봐서는 알 수 없고 정말 열심히 진지하게 공부하고, 노래하고, 그려봐야 알 수 있다.

공부가 아니어도 진로의 길은 무수히 많지만 학교에서 하는 공부는 다양한 길로 뻗어나가기 위한 초석을 다지는 과정이다. 인간의 기본 욕구인 지적 호기심을 자극하고 논리력, 문제 해결력 등의 인지 능력을 발달시키는 데 학교 공부가 결정적 역할을 한다는 것은 부인할 수 없는 사실이다.

노력으로 얻는 행복이 오래 간다

무엇보다 최선의 노력 자체는 인간에게 행복을 가져다주는 고마운 요소이다. 20세기 철학자 버트런드 러셀은 그의 책《행복의 정복》에서 행복은 마치 무르익은 과실처럼 운 좋게 저절로 입안으로 굴러들어오는 것이 아니라고 했다. 이 때문에 행복을 쟁취하기 위해서는 대단한 노력이 필요하다고 말했다.

반드시 공부로 성공하라는 것이 아니다. 버트런드 러셀의 말처럼 최선의 노력을 통해 행복감을 느끼란 이야기다. 공부에 최선을 다해봐야 노력의 묘미를 알고, 나중에 진짜 하고 싶은 일이 생겼을 때 최선의 노력이 어떤 것인지 잘 알아서 제대로 행할 수 있다. 그 자체가 인생을 의미 있게 살아가는 큰 힘이 된다.

피겨스케이팅의 역사를 새로 썼던 김연아 선수가 한 TV 프로그램에서 "당연히 금메달을 딸 것이라는 모두의 기대가 부담스럽지는 않았나?"라는 질문을 받은 적이 있다. 이 질문에 그는 "올림픽 한 번으로 무너지지 않을 것이다. 2등을 하든 3등을 하든 메달을 못 따든 세상이 무너질 만큼 큰일은 아닐 거다. 남들이 뭐라 하든 난 그렇게 생각하지 않을 것이다"라고 답하였다. 김연아 선수가 이런 마음으로 매일 열심히 훈련에 임했던 것은 노력 자체가 가져다주는 행복감이 있었기 때문 아닐까? 좋은 대학을 가든, 못 가든 세상이 무너질 일이 아니다. 나의 세상에 빛을 앗아가는 건 스스로에게 부끄럽지 않을 노력을 단 한 번도 해보지 않은 것이다.

슬럼프는 누구에게나 찾아온다

아무리 노력하는 과정 자체가 행복감을 안겨준다 해도 힘든 순간은 언제든 찾아온다. '작심삼일'이란 말이 괜히 있는 것이 아니다. 마음에 있는 것을 실천하기 위해 노력하는 것 자체가 힘든 일이다. 열심히 애쓰다가 힘든 순간이 찾아오면 힘든 것을 인정하고 쉬는 용기도 필요하다. 있는 힘, 없는 힘 쥐어짜서 노력하는 것은 바람직하지 않다. 쥐어짜는 노력은 미래에 노력할 힘을 선불로 사용하는 셈이다. 선불이 과하게 쌓이면 남들보다 지치는 순간이 더더욱 빨리 그리고 자주 찾아올 것이다.

우리는 그런 순간을 '슬럼프slump에 빠졌다'고 한다. 슬럼프란 자신의 실력을 제대로 발휘하지 못하는 부진 상태가 긴 시간 동안 이어지는 상황을 말한다. 주로 운동선수 또는 화가 등 예술 작품을 만드는 사람에게 사용하기도 하고, 무언가 길게 일이 안 풀릴 때 사용한다. 즉, 무언가에 '지나치게' 집중할 때 슬럼프가 온다.

◇ 슬럼프의 원인

① 한 가지 일에 '지나치게' 주의 집중할 때

② 서로 다른 두 가지 일을 동시에 집중적으로 처리할 때

③ 서로 다른 두 가지 일 사이의 상호작용에 '지나치게' 주의 집중할 때

---

④ 두 가지 일의 작업 과정을 '지나치게' 의식할 때

대부분의 일이나 공부는 게임처럼 노력의 성과가 바로바로 눈으로 확인되지 않는다. 눈에 보이지 않는 것을 위해 열심히 달려가는 과정에 지치는 마음이 드는 것은 자연스러운 현상이다. 나 또한 이 책을 쓰는 과정에서 한 번의 슬럼프를 겪었다. 일과 육아 그리고 책 쓰기를 병행하면서 매일 새벽 4시에 일어나는 삶을 살았고 건강에 이상이 느껴지면서 새벽 기상이 어려워졌다. 설상가상으로 (지금은 건강해진) 막내딸의 건강에도 이상이 생겨 잠시 동안 몸과 마음이 고생을 하고 난 뒤 슬럼프가 찾아왔다. 하지만 나는 모든 것을 손 놓을 수 없는 직장인이자 엄마였다. 그래서 절대 손 놓으면 안 되는 육아와 일하는 삶만 힘겹게 유지했고 글쓰기에서는 완전히 손을 놓고 지낸 적이 있다.

슬럼프를 극복한 방법은 간단했다. 내가 힘들다는 것을 인정하고 육아와 일이 끝나면 쉬었다. 예전에는 퇴근 후에도 집안일과 육아가 모두 끝나면 자기 전까지 무조건 글을 쓰며 하루를 마무리했다. 그러나 슬럼프가 왔을 때는 일부러 더 열심히 쉬었다. 물론 의욕이 없어져서 하고 싶은 마음도 안 들었지만, 노트북 근처에는 얼씬도 하지 않으며 새벽 기상도 일절 하지 않은 채 육아와 일에

만 집중했다. 그렇게 글쓰기와 거리 두는 삶을 살다 보니 다시금 글쓰기가 하고 싶은 순간이 왔다.

최우열 스포츠심리학 교수는 슬럼프에 존재하는 세 가지 법칙을 다음과 같이 정리했다.

첫째, 누구에게나 슬럼프는 반드시 한 번씩 찾아온다.

둘째, 아무리 심한 슬럼프라도 언젠가는 지나간다.

셋째, 슬럼프를 극복한 후에는 전보다 한 단계 더 발전한다.

나는 슬럼프의 법칙을 믿으며 글쓰기 자체를 포기하지 않았다. 슬럼프가 오는 동안 책 출간이 어려워질까 두려운 순간도 있었지만 나에게는 반드시 해낼 힘이 있다고 믿으며 그 시기를 일부러 더 불안해하지 않으려 노력했다. 잠시 쉬어가는 것일 뿐이라고 믿으며 열심히 쉬었다. 정말 열심히 글쓰기를 하던 그때의 열정으로 마냥 쉬었다.

공부하다 슬럼프를 맞이하면 그것을 인정하고 쉬는 용기도 필요하다. 어차피 한순간에 결과가 나오지 않는다. 잠시 쉬어간다고 큰일 나지 않는다. 오히려 쉬고 나니 책 작업에 가속도가 붙은 나의 경험으로 더욱더 자신 있게 말할 수 있다. 포기만 하지 않으면 다시 시작할 때 공부에 가속도가 붙을 것이다. 나에게는 반드시 해낼 힘이 있다고 믿으면서, 힘들 땐 잠시 쉬어라. 그래도 괜찮다.

아이의 마음을 열고 공부의 길을 찾아가는

초등 공부력 상담소

초판 1쇄 인쇄 2024년 3월 8일
초판 1쇄 발행 2024년 4월 1일

지은이. 정주안
펴낸이. 이새봄
펴낸곳. 래디시

교정 교열. 윤혜민
디자인. STUDIO BEAR

출판등록. 제2022 – 000313호
주소. 서울시 마포구 월드컵북로 400, 5층 21호
연락처. 010 – 5359 – 7929
이메일. radish@radishbooks.co.kr
인스타그램. instagram.com/radish_books

© 정주안, 2024

'래디시'는 독자의 삶의 뿌리를 단단하게 하는 유익한 책을 만듭니다.
같은 마음을 담은 알찬 내용의 원고를 기다리고 있습니다.
기획 의도와 간단한 개요를 연락처와 함께 radish@radishbooks.co.kr로 보내주시기 바랍니다.